Karl Werner Schmitz

berühren – begreifen – kaufen

Karl Werner Schmitz

berühren – begreifen – kaufen

Haptisches Verkaufen in der Vertriebspraxis

Bibliografische Information der Deutschen Nationalbibliothek
Die Deutsche Nationalbibliothek verzeichnet diese Publikation in der Deutschen Nationalbibliografie.
Detaillierte bibliografische Daten sind im Internet über http://dnb.d-nb.de abrufbar.

Für Fragen und Anregungen:
kwschmitz@mi-wirtschaftsbuch.de

2., aktualisierte Auflage 2010

© 2010 by mi-Wirtschaftsbuch, FinanzBuch Verlag GmbH, München
Nymphenburger Straße 86
D-80636 München
Tel.: 089_651285_0
Fax: 089_652096

Alle Rechte, insbesondere das Recht der Vervielfältigung und Verbreitung sowie der Übersetzung, vorbehalten. Kein Teil des Werkes darf in irgendeiner Form (durch Fotokopie, Mikrofilm oder ein anderes Verfahren) ohne schriftliche Genehmigung des Verlages reproduziert oder unter Verwendung elektronischer Systeme gespeichert, verarbeitet, vervielfältigt oder verbreitet werden.

Lektorat: Stephanie Walter, München
Umschlaggestaltung: Jarzina Kommunikations-Design, Holzkirchen
Umschlagabbildung: Dave & Les Jacobs, Photoconcepts, Corbis
Satz: HJR, Jürgen Echter, Landsberg am Lech
Druck: GGP Media GmbH, Pößneck
Printed in Germany

ISBN 978-3-86880-096-8

Weitere Infos zum Thema:
www.mi-wirtschaftsbuch.de
Gerne übersenden wir Ihnen unser aktuelles Verlagsprogramm.

Inhalt

Einleitung: Warum die Haptik auf dem Vormarsch ist 9

Hinweise zur zweiten Auflage 12
Lesetipps 14

1 Das haptische Erfolgssystem 17
    1.1 Veränderung als notwendige Basis des Fortschritts 18
    1.2 Die Macht der Gewohnheit 21
    1.3 Die bewusste Umlenkung des gewohnten Reflexes 24
    1.4 Die Faktoren Zeit und Wiederholung 25
    1.5 Die Freiheit beginnt mit der zweiten Möglichkeit 27
    1.6 Die Formel für Erfolg: $P = F/A$ 28
    1.7 Wie erhöhe ich meine Motivationsstärke? 30

2 Was ist überhaupt Verkaufen? 33
    2.1 Verkaufen ist nicht Verteilen 33
    2.2 Vom Berater zum Verkäufer 34
    2.3 Verkaufen ist Kommunikation 35

3 Die heutige Informationsflut 37

4 Das immer wieder neue Gehirn 39
    4.1 Generationenkluft 39
    4.2 Denkparadoxon 40
    4.3 Neue Bewusstlosigkeit 40
    4.4 Erregungswert 41
    4.5 Maximalgenuss und Schocktherapie 41
    4.6 Die Waage zwischen Gehirn und Körper 42
    4.7 Kaufprozesse auf allen fünf Sinnen emotionalisieren 43

5 Die Funktionsweise des menschlichen Gehirns 45
    5.1 Das Assoziationsverhalten 45
    5.2 Die Entscheidungszentrale 47
    5.3 Die drei Gedächtnisse 48

6	**Die linke und rechte Hirnhälfte**	51
	6.1 Gehirngerechtes Verkaufen	55
	6.2 Komplexe Sachverhalte verständlich darstellen	56
7	**Der Mensch – das haptische Wesen**	59
	7.1 Die Haut	59
	7.2 Die Weisheit der Sprache	63
8	**Vom Fühlen zum Gefühl**	65
9	**Haptisches Verkaufen – mit allen fünf Sinnen und von Mensch zu Mensch**	69
	9.1 Die haptische Begrüßung: Sympathie wecken	69
	9.2 Das haptische Verkaufsgespräch	79
	9.3 Gesprächsphasen haptisch gestalten	90
10	**Das haptische Büro – alle Sinne ansprechen**	97
11	**Die haptische Visitenkarte**	101
12	**Haptische Aus- und Weiterbildung**	103
	12.1 Die Lernunterlagen	105
	12.2 Haptische Lernkarten	105
	12.3 Rollenspiele: Bezug zur Praxis herstellen	107
	12.4 Audio-Learning	108
	12.5 Haptik, Informationsaustausch und Wissensvermittlung	109
13	**Haptische Verkaufssoftware – Den Kunden zum Mitmachen bewegen**	111
14	**Virtuell haptisch**	115
	14.1 Mit W-Fragen berühren	115
	14.2 Kunden mit Hypothesen ergreifen	116
	14.3 Kunden mit bildhafter Sprache mit auf die Reise nehmen	118

15 Haptisches Marketing – Neue Kommunikationskanäle zum Kunden aufbauen ... 123
   15.1 Touchmarketing: Vom Daumenkino zu Michael Jackson .. 123
   15.2 Duftmarketing: Gut gerochen ist halb gewonnen 127
   15.3 Direktmarketing: Ran an den Kunden 130

16 Haptische Führung – Wer berührt, führt 131
   16.1 Mitarbeiter zur Aktivität animieren 131
   16.2 Haptische Führungshilfen einsetzen 132

17 Mit haptischen Verkaufshilfen Kunden gewinnen und überzeugen 135
   17.1 Die Merkmale haptischer Verkaufshilfen 138
   17.2 Die Entwicklungsgeschichte der ersten patentierten haptischen Verkaufshilfe 139
   17.3 Haptische Verkaufshilfen im praktischen Einsatz 142
   17.4 Wie Sie mit haptischen Verkaufshilfen das gesamte Kundengespräch begleiten 179

18 Die Wirkungsweise der haptischen Verkaufshilfen 181
   18.1 Neugier erregen 183
   18.2 Spieltrieb aktivieren 184
   18.3 Begreifen durch be-greifen 185
   18.4 Besitzwunsch wecken 186
   18.5 Gehirngerecht vorgehen 187

Learning by doing 191

Schlusswort 193

Lösungen 195

Literatur und Quellen 197

Register 199

Autoreninformation 203

Einleitung: Warum die Haptik auf dem Vormarsch ist

Als vor einigen Jahren, nämlich 2004, die erste Auflage dieses Buches erschien, waren das haptische Verkaufen und auch die haptischen Verkaufshilfen noch weitgehend unbekannt. Mittlerweile aber ist die Haptik in aller Munde – auch wenn es den Menschen gar nicht so bewusst ist. Und auch ich erlebe die haptische Blütezeit am eigenen Leib: Ich habe für meine haptische Vorreiterrolle – genauer gesagt, für eine haptische Verkaufshilfe im Bereich »Verkaufsförderung« – nun den Promotional Gift Award 2010 erhalten: Das ist eine Auszeichnung, die die Werbeartikel-Industrie verleiht.

Sie wollen Beispiele für die Aktualität der Haptik? Nun – denken Sie nur an die Werbung für den Film *Zweiohrküken*. Es gibt eine Applikation – also eine Anwendung für Smartphones – für das iPhone von Apple, da kann man das Zweiohrküken kitzeln, mit den Fingern bewegen, vergrößern und verkleinern, schütteln, auf den Kopf stellen und besonders krass durch Pusten auf den Touchscreen des iPhones das Zweiohrküken zum Fliegen bringen. Das ist großes Kino – das ist Haptik pur. Die Leute, die das entwickelt haben, haben bestimmt auch daran gedacht, wie sie die Werbung vom Film zum Anfassen, zum Be-greifen machen können. Das sieht man auch an dem Zweiohrküken-Schlüsselanhänger und natürlich an den Zweiohrküken-Plüschtieren. Keine Ahnung, ob das nun die Idee von Til Schweiger oder irgendwelchen Marketingprofis war, aber die Herausforderung, einen Film mithilfe des Tastsinns bekannt zu machen, ist brillant umgesetzt worden. Das verdient ein großes haptisches Kompliment. Und darum lassen Sie mich bitte erläutern, warum die Haptik und damit das haptische Verkaufen so en vogue sind.

Wahrheiten entstehen durch persönliche Erfahrungen

Entscheidend ist: Erst die haptischen Sinne – Tastsinn, Riechsinn und Geschmackssinn – machen aus einer medialen Information eine eigene körperliche Erfahrung, eine begreifbare Wahrnehmung und Wahrheit. Das hat Konsequenzen für Verkaufsprozesse, Kundenorientierung und Führung. Stellen Sie sich nur einmal einen Berater vor. Er müht sich redlich. Auf dem Flipchart liegt die fünfte Folie, er erläutert emsig die Produktvorteile aus Sicht des Kunden, bezieht dabei dessen Lebenswirklichkeit ein. Schließlich arbeitet er mit Referenzen, bietet dem Kunden an, einen Menschen anzurufen, der bereit ist, seine Erfahrungen mit dem Produkt zu erläutern. Und tatsächlich – der Kunde wählt die Nummer, lässt sich berichten, stellt Fragen, erhält neue Informationen. »Interessant, ich verstehe, das kann ich nachvollziehen!« – so die Reaktion. Doch tief bewegt ist der Kunde von dem Produkt immer noch nicht.

Wodurch ist das Desinteresse des Kunden zu erklären? Es ist wie beim Kauf einer Unfallversicherung: Wenn der Kunde eine dickleibige Broschüre über die UV liest, wird er nicht automatisch eine Versicherung abschließen. Wenn ihm der Nachbar berichtet, er habe nach seinem schweren Unfall große finanzielle Nachteile gehabt, weil er keine UV hatte, ist unser Herr Kunde schon eher bereit, den Abschluss einer Unfallversicherung ernsthaft in Erwägung zu ziehen. Der Bericht des Nachbarn fährt ihm unter die Haut und bringt ihn zum Nachdenken.

Die intensive Beschäftigung mit der Frage, ob er nicht doch auch eine UV benötigt, tritt jedoch erst dann ein, wenn dem Kunden der Schreck so richtig in die Glieder fährt – wenn er aus dem Krankenhaus entlassen wird und feststellt, dass es von Vorteil gewesen wäre, würde er über eine solche Absicherung verfügen. Er greift sofort zum Telefon, um einen Termin mit seinem Versicherungsberater auszumachen. Am liebsten würde er die UV rückwirkend abschließen, dazu die Berufsunfähigkeitsversicherung. Jetzt, wo er als Unfallopfer die Nachteile der fehlenden UV am eigenen Leib erfahren hat – nicht vermittelt durch eine Informationsbroschüre oder den noch so authentischen Erfahrungsbericht des Nachbarn – ist die Kaufmotivation sehr hoch.

Jahrelang haben die mediale Überfrachtung und die einseitige Konzentration auf den Seh- und Hörsinn zu einer Vernachlässigung der anderen Sinne geführt. Die menschliche Wahrnehmung besteht aber nicht nur aus Auge und Ohr. Wir können fühlen und tasten, schmecken und riechen.

Jedoch: Fernsehen und Hörfunk, Tageszeitung und Bücher, Hörkassette, Video, CD und DVD, Internet und E-Mail – all dies hat die Meinung verfestigt, Informationen müssten vor allem über das Ohr und das Auge transportiert werden. Aber: Keine noch so brillant formulierte und visualisierte Erklärung kann uns davon überzeugen, eine Versicherung abzuschließen oder ein Produkt oder eine Dienstleistung zu erstehen. Erst wenn wir ein Produkt nicht nur über die medial überfrachteten Sinne Auge und Ohr wahrnehmen, sondern es – im Idealfall – schmecken, riechen und ertasten können, ergreifen uns die Produktvorteile im buchstäblichen

Sinn, lassen wir uns von etwas mitreißen, das uns »umhaut«, »vom Hocker reißt« und wirklich berührt.

Noch einmal: Erst die haptischen Sinne – Tastsinn, Riechsinn und Geschmackssinn – machen aus einer medialen Information eine eigene körperliche Erfahrung und Wahrheit. Und es ist diese gewachsene Überzeugung, die in den letzten Jahren zu einem haptischen Boom geführt und mich veranlasst hat, eine zweite und erweiterte Auflage meines Buches anzustreben. Auch der Verlag war und ist der Meinung, dass das haptische Thema dies verdient hat.

Übrigens: Auch die Wissenschaft ist aus dem haptischen Dornröschenschlaf erwacht. Dr. Martin Grunwald etwa, Psychologe an der Universität Leipzig und Leiter des Haptik-Forschungslabors am Paul-Flechsig-Institut für Hirnforschung, gehört zu den Wissenschaftlern, die sich mit der Haptik und der Erforschung des Tastsinns beschäftigen: »Der Tastsinn ist ein bislang kaum beachteter, zusätzlicher Kommunikationskanal«, so der Wissenschaftler, »der menschliche Alltag ist bei genauer Betrachtung ein Tastraum, der in hohem Maße unbewusst erkundet wird.« Grunwald gibt ein Beispiel, das jeder kennt: Kunden gehen durch den Laden, holen Produkte aus dem Regal, nehmen sie in die Hand.

Kein Wunder also, dass Produktentwickler, Produktdesigner, Marketing- und Werbefachleute die haptischen Forschungen immer mehr nutzen, um den Kunden hautnahe Tasterfahrungen zu ermöglichen: Elektroprodukte verfügen über Touchscreens, Buchbestseller wie Charlotte Roches *Feuchtgebiete* verlocken mit einem aufgeklebten Pflaster zum Tasten, Anfassen und Greifen, Schokolade von Ritter Sport und Toblerone verschafft Kunden durch ihre außergewöhnliche Erscheinungsform ungewöhnliche Tasterfahrungen, die mehr zählen als jedes Argument. »Nestlé zum Beispiel analysiert und optimiert das Beiß- und Knabbererlebnis beim Verputzen neuer Snacks und Kekse«, erläutert Martin Grunwald. Und darum geht es: um das ganzheitliche, alle fünf Sinne ansprechende – also multisensorische – emotionale Erlebnis.

Aktive Fühlerlebnisse überzeugen

Natürlich ist es leichter, den haptischen Kommunikationskanal bei gegenständlichen Produkten zu nutzen. »Fühlen Sie mal!« – diese Aufforderung ist bei ungegenständlichen Produkten schwerer zu verwirklichen. Der Nutzen von Weiterbildungsveranstaltungen, Dienstleistungen und Banken- oder Versicherungsprodukten ist haptisch schwerer fassbar. Wo immer möglich, suchen die Firmen daher nach Möglichkeiten, durch die dem Kunden auch abstrakte Produktvorteile fühlbar werden. IKEA etwa lässt die Kunden nicht nur aus Kostengründen die Schränke selbst zusammenschrauben – das haptische Zauberwort lautet »Mitmach-Marketing«. Der Kunde wird zum Mit-Arbeiter und in den Produktionsprozess integriert.

Das Prinzip des haptischen Verkaufens ist, einen multisensorischen Zugang zum Kunden aufzubauen. Die Haptik soll den auditiven und den visuellen Sinneskanal nicht ersetzen, sondern ergänzen. Martin Grunwald betont: »Beim Kauf eines Produktes entscheiden alle wahrgenommenen Reize, also auch visuelle, akustische oder auch olfaktorische und gustatorische. Als Orientierungsreiz steht sicher an erster Stelle der visuelle Reiz. Denn der erste Eindruck, den ein Kunde gewinnt, ist meist visuell. Doch dann will er die durch das Gesehene ausgelösten Erwartungen durch aktives Fühlen bestätigen.«

Die konkrete Bedeutung der Haptik, insbesondere für den Verkauf, liegt auf der Hand: Vertriebsleiter und Verkäufer suchen nach kreativen Wegen, um den Kunden Nutzen und Vorteile hören, sehen, riechen, schmecken und anfassen zu lassen. Dazu setzen sie haptische Verkaufshilfen ein – das sind symbolische Gegenstände, die der Kunde anfassen kann und durch die sich Argumente veranschaulichen lassen. Auch das Ungegenständliche wird so zum Ereignis und emotionalen Erlebnis.

Haptische Erlebnisse sind aber nicht nur im Verkaufsgespräch vermittelbar. Auch Führungskräfte nutzen die Haptik, um die Mitarbeiterführung berührender zu gestalten. Unternehmen verwenden haptische Elemente, um im Outdoortraining Teambildungsprozesse zu veranschaulichen und Teamgeist zu entfachen. Im Zielvereinbarungsgespräch schließlich nutzt die Führungskraft eine Zielpyramide, um zu verdeutlichen: Die Pyramidenspitze – sie repräsentiert die Mitarbeiterziele – gründen auf den Unternehmensgrundsätzen und den Unternehmenszielen. Der Mitarbeiter bekommt zu spüren: »Wenn Sie die Ziele erreichen, die wir heute vereinbaren, tragen Sie erheblich dazu bei, dass wir unsere Philosophie leben, unsere Jahresziele realisieren und unsere Vision verwirklichen können.« So entstehen berührende Zielvereinbarungen, die zur Motivation beitragen. Denn der Mitarbeiter sieht sich eingebettet in einen größeren Zusammenhang.

Hinweise zur zweiten Auflage

Liebe Leserinnen und Leser: Der Siegeszug der Haptik setzt sich fort. So gut wie jeden Tag entdecke ich, dass in den Bereichen Verkauf und Führung haptische Elemente einfließen. Die Integration haptischer Wahrheiten wird immer selbstverständlicher. Diesem Umstand trage ich in dieser zweiten Auflage meines Buches Rechnung: Wo immer möglich, habe ich neue Beispiele eingebaut und stelle ich Ihnen neue haptische Verkaufs- und Führungshilfen vor.

Des Weiteren beschreibe ich für Sie neue Einsatzgebiete der Haptik – ein Schwerpunkt dabei ist der bereits erwähnte Führungsbereich. Und noch mehr als in der Erstauflage veranschauliche ich Ihnen mithilfe konkreter Beispiele, wie Sie haptische Elemente in Ihrem konkreten Verkaufsalltag einsetzen können.

Bevor es nun losgeht, gestatten Sie mir noch einen Hinweis: Im Folgenden kann ich Ihnen nur Hinweise geben, wie Sie die Haptik für sich nutzen können. Die Entscheidung, ob und auf welche Art und Weise Sie Ihren beruflichen Alltag mit haptischen Elementen bereichern, bleibt natürlich Ihnen überlassen. Sie werden jedoch erkennen, dass Sie schon immer mehr oder weniger unbewusst haptisch verkauft haben. Durch dieses Buch wird es Ihnen bewusst(er), und Sie haben so die Möglichkeit, viel gezielter und somit noch erfolgreicher den Weg zum haptischen Verkäufer zu gehen.

Es soll Menschen geben, die kaufen ein Buch nur für dieses kleine kurze Glücksgefühl im Moment des Einkaufs oder nur, um dieses Buch zu besitzen. Andere überfliegen das Buch oberflächlich, um dann sagen zu können, das kenne ich schon, das mache ich schon.

> **Dazu eine kleine Geschichte**
>
> Eine befreundete Kommunikationstrainerin aus Köln wollte sich vor einiger Zeit in Köln eine sündhaft teure Nachtcreme kaufen. An der Kasse angekommen, kamen ihr dann doch noch einmal Zweifel, ob es richtig ist, so viel Geld für eine Creme auszugeben, und sie fragte die Verkäuferin: »Hilft die Nachtcreme denn auch wirklich?« Und die Verkäuferin antwortete: »Nein!« Sie machte eine kleine Pause und fuhr dann fort: »Wenn Sie die Nachtcreme einfach auf den Nachttisch stellen, hilft sie überhaupt nicht. Sie müssen schon Ihr Gesicht damit eincremen, dann wirkt sie auch.«

Diese kleine Geschichte aus dem Leben zeigt: Nicht das Besitzen von Wissen oder irgendwelchen Instrumenten hilft, sondern nur der Gebrauch, die Anwendung. Was kann die Nachtcreme dafür, wenn sie die Haut nie erreicht!?

Erfolg basiert immer darauf, dass der Mensch das neu erworbene Wissen auch in die Praxis umsetzt, und das bedeutet, dass er bereit ist, den gewohnten Pfad zu verlassen und einen neuen Weg zu beschreiten. Später mehr dazu.

Es ist in der heutigen Zeit schon ein schöner Erfolg, dass Sie das Buch gekauft haben. Jetzt gilt es, Sie davon zu überzeugen, dass Sie dieses Buch wirklich buchstäblich ausnutzen und sich zunutze machen können.

Lesetipps

Früher waren Bücher einmalige Kostbarkeiten. Deshalb behandelten die Besitzer ihre Bücher wie »rohe Eier«. Es gibt auch heute noch kostbare Bücher – aber einmalig, das ist nun wirklich vorbei. Heute sind Bücher eher preiswert und fast immer sofort zu ersetzen beziehungsweise neu zu beschaffen. Deshalb behandeln Sie bitte auch dieses Buch nicht wie ein »rohes Ei«, sondern gebrauchen Sie es, so hilft es Ihnen am meisten, zu lernen. Das heißt, lesen Sie dieses Buch aktiv. Machen Sie sich Notizen, einige Aufgabenstellungen sollen Ihnen helfen, sich besser zu erinnern. Markieren Sie wichtige Punkte. Wenn Sie wollen und können, schlachten Sie das Buch aus, reißen oder kopieren Sie die für Sie interessantesten Seiten heraus oder schneiden Sie Textpassagen aus und kleben Sie diese auf ein Blatt. Das empfindet der eine oder andere jetzt vielleicht als ein wenig rabiat, aber fragen Sie sich doch einmal, worum es Ihnen wirklich geht. Wenn es Ihnen darum geht, so viel wie möglich aus dem Buch zu lernen, dann kann es nicht darum gehen, das Buch so ordentlich wie möglich zu behandeln.

Nun aber zu ein paar grundlegenden und einfachen Tipps:

1. Schaffen Sie sich eine angenehme Lernatmosphäre.
2. Wenn es Ihnen hilft, lassen Sie eine angenehme, entspannende Musik im Hintergrund spielen.
3. Vielleicht verschaffen Sie sich einen besonderen Duft – mit ätherischen Ölen oder mit Räucherkerzen, nicht zu stark, sondern angenehm, vielleicht etwas Besonderes speziell zum Lernen. Es ist nachgewiesen, dass Riechen lernen vereinfacht.
4. Sorgen Sie dafür, dass Sie ungestört bleiben und sich voll konzentrieren können.
5. Nehmen Sie sich die folgenden Unterlagen:
   – Kuli und einige farbige Stifte
   – Marker
   – einen neutralen Notizblock, um Wichtiges aufzuschreiben

Schreiben Sie alles, was Ihnen wichtig vorkommt, in Stichworten auf ein Blatt Papier. Wenn Sie wollen, machen Sie sich am besten zwei Spalten: links die Spalte »Stoppen«, rechts die Spalte »Machen«. Nennen Sie es »Rosinen picken«. Bei einem guten Büfett gehen Sie ja auch nicht mit dem

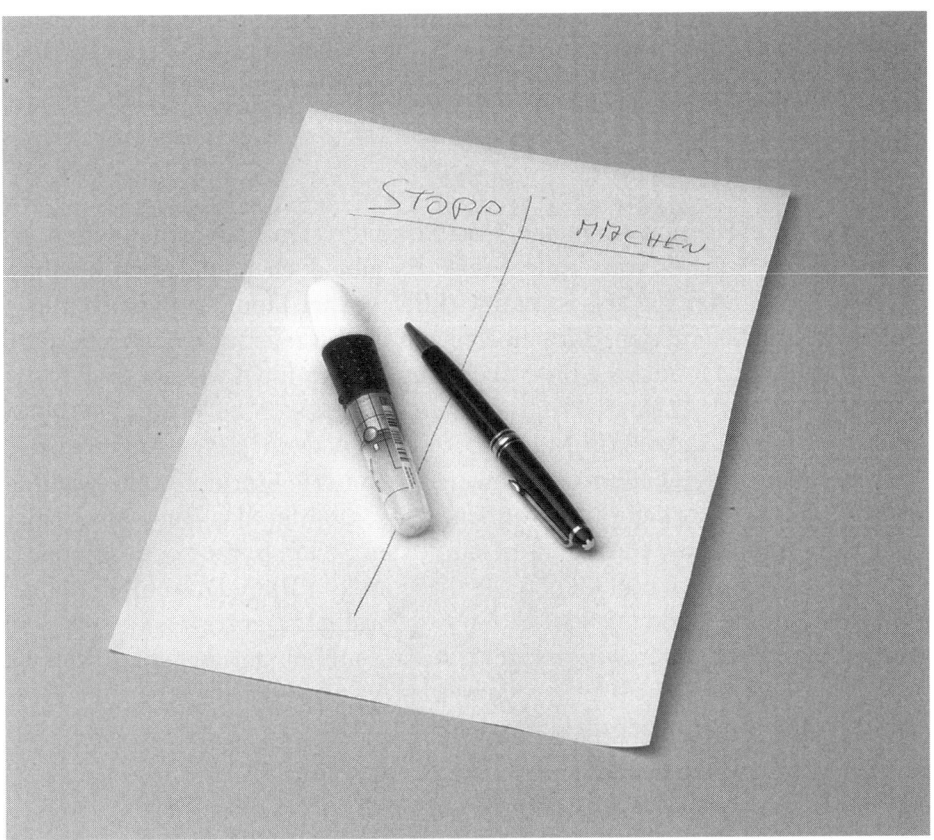
Abbildung 1: Notizblock mit Kugelschreiber

Gedanken hin, dass Sie von allem so viel wie möglich essen wollen. Wahrscheinlich noch nicht einmal alles, was Ihnen schmeckt, sonst wird Ihnen zum Schluss nur schlecht. Sie werden, wenn Sie gesund bleiben und sich danach wohlfühlen wollen, nur bestimmte Sachen aussuchen und kombinieren. Genauso sollten Sie es hier bei diesem Buch tun, und den Teller können Sie vergleichen mit dem Blatt Papier: Erst mal nur sammeln, dann kombinieren, dann sortieren und zum Schluss in einer von Ihnen gewählten Reihenfolge zu sich nehmen.

Motto: Es ist wesentlich besser, eine Idee auf dem Papier zu haben, anstatt drei im Kopf.

Und nun schaffen Sie erst einmal angenehme Rahmenbedingungen und lesen dann weiter, damit Sie nicht jetzt schon lernen, Informationen, die Sie aufgenommen und hoffentlich für gut befunden haben, nicht umzusetzen. Also machen Sie es am besten jetzt, damit tun Sie schon den ersten Schritt ins haptische Lernen.

1 Das haptische Erfolgssystem

Wir alle streben nach mehr Erfolg, das ist uns mehr oder weniger in die Wiege gelegt. Unter Erfolg kann man sich Verschiedenes vorstellen; sehr oft wird bei dem Gedanken an Erfolg Geld in den Vordergrund gestellt. Wohlstand ist jedoch ein besserer und umfassenderer Begriff. Es gibt genug Menschen, die viel Geld haben, aber ansonsten arm wie eine Kirchenmaus sind. Wohlstand ist, wenn es um einen Menschen rundum zum Wohle steht. Und wenn es einem Menschen rundum wohlergeht, dann hat er immer genug von den drei Gs: Gesundheit, Glück und Geld. Wenn Sie die drei Gs auf sich wirken lassen und sich auch einmal die Reihenfolge zu Gemüte führen, dann wächst in Ihnen hoffentlich auch die Überzeugung, dass die drei Gs richtig und wichtig sind und auch die Reihenfolge korrekt ist. Wenn Sie also Ihren Erfolg planen, denken Sie bitte erst an Ihre Gesundheit, denn ohne Ihren gesunden Körper wird der Rest nicht so leicht zu genießen sein – dann ans Glück: Familie, Freunde, Hobbys und ein gutes Leben in angenehmer sozialer Umgebung – und dann erst ans liebe Geld. Natürlich ist Geld in unserer heutigen westlichen Welt sehr wichtig, man sollte auch genügend davon haben.

Grundlegende Vorraussetzung für mehr Erfolg ist, dass Sie daran überhaupt denken, noch besser: dass Sie sich bei allen drei Gs konkrete Ziele setzen.

> **Learning by doing**
> - Haben Sie Ziele, die Sie formulieren können? Möchten Sie Ihr Einkommen steigern? Wenn ja, um wie viel? Benennen Sie es konkret.
> - Wollen Sie mehr Glück? Was können Sie für Ihr Glück tun, was macht Sie glücklich? Nennen Sie etwas Konkretes.
> - Wollen Sie gesund alt werden? Was können Sie tun, um länger gesund zu leben?

Motto: Ohne Ziel geht nicht viel. Wer nicht weiß, wo er hin will, braucht sich nicht zu wundern, wenn er ganz woanders ankommt.

1.1 Veränderung als notwendige Basis des Fortschritts

Welche Ziele Sie sich auch immer setzen, es gibt bestimmte Gesetzmäßigkeiten, die unbedingt zu bedenken sind, damit Sie überhaupt eine Chance haben, Ihre Ziele zu erreichen. Was müssen Sie tun, um wesentlich mehr Erfolg zu haben? Die Betonung liegt auf wesentlich, um das Prinzip deutlicher zu machen. Es geht also nicht um geringfügige Steigerungen, die lassen sich auf viele Arten und Weisen erreichen, sondern um wesentlich mehr Erfolg.

Dazu ein Beispiel

Abbildung 2: Glühbirne

1882 erfand Thomas Alva Edison die Glühlampe. So meint man, nicht wahr? In Wirklichkeit erfand rund 25 Jahre früher ein Deutscher die Glühlampe, Johann Heinrich (»Henry«) Christoph Conrad Goebel. Edison hat die Idee vermarktet, Henry Goebel hat sie gehabt. Es gibt noch mehr Beispiele: Philipp Reis erfand 1861 in Frankfurt erstmals Geräte zur elektronischen Sprachübertragung. 1876 fing Graham Bell auf der Weltausstellung in Philadelphia mit der erfolgreichen Vermarktung des Telefons an. Konrad Zuse meldete seinen Relaisrechner Z3 1941 zum Patent an. 1944 stellte Howard Aiken seinen MARK 1 fertig und wurde von der Weltpresse als Erfinder gefeiert. Das scheint vor 100 Jahren anscheinend öfter so gewesen zu sein: Ein Deutscher erfindet, ein Amerikaner vermarktet. Es scheint auch heute noch so zu sein, dass Amerikaner die besseren Vermarkter sind.

Nun, auch bei solchen bahnbrechenden Erfindungen wie elektrisches Licht, Telefon und Computer kommt es eben nicht nur darauf an, die Erfindung gemacht zu haben, sondern man muss seine Idee auch erfolgreich verkaufen. Das ist heute ganz genauso oder vielleicht sogar dringender denn je.

Nun aber zurück zur Glühbirne. Natürlich haben die Menschen immer danach gestrebt, diese Erfindung zu optimieren, das heißt, mit weniger

Strom mehr Licht zu erzeugen. Das ist auch gelungen, jedoch nicht wesentlich, sondern immer wieder nur ein bisschen.

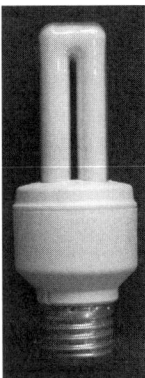

Abbildung 3: Energiesparlampe

Bis die neue Generation kam, die Energiesparlampe. Im Vergleich zu einer Glühlampe haben Energiesparlampen eine acht- bis zwölffache Lebensdauer. Die Lichtausbeute ist fünf Mal größer als die einer Glühlampe. Energiesparlampen funktionieren jedoch nach einem völlig anderen Prinzip. Bei der Leuchtstofflampe werden Elektronen durch eine Gasfüllung geschickt, die dann eine ultraviolette Strahlung erzeugt. Diese wird durch eine Beschichtung an der Innenseite der Glasröhre in sichtbares Licht umgewandelt.

Erkenntnis

Der wesentliche Fortschritt kam durch ein neues Prinzip, durch ein neues, ein anderes System.

Noch ein Beispiel

Der Hochsprung-Straddle (Wälzsprung)

Abbildung 4: Straddle

Bis 1968 sprangen alle Hochspringer den Straddle, außer einem Dick Fosbury. Die meisten berühmten Sportler sind deshalb so bekannt, weil sie zig Mal Weltmeister wurden oder fantastische Weltrekorde aufstellten und in ihrer Sportart über Jahre eine dominante Stellung einnahmen. Bei Dick Fosbury liegt der Fall etwas anders. Er wurde zwar im Jahre 1968 ebenfalls Olympiasieger, aber das wurden viele andere auch, deren Namen heute niemand mehr kennt. Fosbury hat alle ihm nachfolgenden Hochspringer beeinflusst, indem er eine Technik erfand, die den Hochsprung revolutionierte. Fosbury selber sprang bei seinem Olympiasieg 2,24 m hoch. Heute liegt der Weltrekord von Sotomayor (Kuba) bei 2,45 m – natürlich im »Fosbury-Flop«, erzielt wie alle Hochsprung-Weltrekorde der letzten 20 Jahre.

Abbildung 5: Fosbury

Auch hier ist klar: Der Erfolg beruht wieder auf dem Wechsel in ein anderes Prinzip, in ein neues System, es ist eine neue Dimension.

Auch beim Skifliegen hat man es in den letzten Jahren verfolgen können. 1994 wurden die 200 m geknackt und im Jahr 2003 231 m. Das sind 15 Prozent mehr Weite in den letzten zehn Jahren. Warum? Die Skier sind beim Flug nicht mehr parallel, sondern als V vorne auseinandergestellt. Wieder ein anderes System.

Beim Automobil wird es vielleicht in nächster Zeit auch einen Quantensprung geben. Jedoch das wirkliche Energiesparauto wird nicht mehr mit noch so wenig Benzin fahren, sondern wahrscheinlich mit Wasserstoff oder mit einer Brennstoffzelle.

*Wer immer nur das tut, was er bereits kann,
wird immer das bleiben, was er bereits ist.*
(Henry Ford)

Faktor Nummer eins für wesentlich mehr Erfolg ist ein neues Prinzip, ein anderes System.

Dazu ein kleines Beispiel

Verbinden Sie die unten stehenden neun Punkte mit vier geraden Linien, ohne abzusetzen.

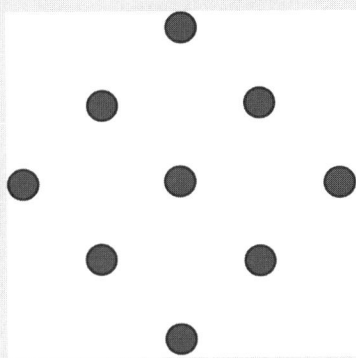

Abbildung 6: Neun Punkte

Die Lösung finden Sie am Schluss dieses Buches. Und wer es mit vier Linien kann, probiert es mal mit drei Linien.

Wo liegt die Lösung? Im Überschreiten des Normalen. Das menschliche Gehirn ist so veranlagt, dass es aus den neun Punkten ein Quadrat macht, und dann sucht das Gehirn so lange im Quadrat, bis es meint, drinnen ist die Lösung nicht zu finden. Dann erst fängt das Gehirn an, sich durch den nötigen Abstand den Überblick zu verschaffen, um dann die Lösung von einer anderen Perspektive aus zu suchen. Wer also wesentlich mehr Erfolg will, sollte an die Möglichkeit denken, aus dem gewöhnlichen Denkmuster auszubrechen. Das ist der Schlüssel, und so war es bei allen großen Entdeckungen schon immer.

Immer wenn Ihnen also im Folgenden etwas ungewöhnlich vorkommt, denken Sie bitte daran, gerade das kann die neue Basis sein für wirklichen wesentlichen Fortschritt, gerade das kann der entscheidende Schritt in eine wesentlich erfolgreichere Zukunft sein. Wer ungewöhnliche Ergebnisse erzielen will, muss bereit sein, ungewöhnliche (noch nicht gewohnte) Methoden einzusetzen! Das sollten Sie zu Ihrem Motto machen!

1.2 Die Macht der Gewohnheit

Wie eben festgestellt, ist die Veränderung die Basis für einen großen Schritt nach vorne. Übrigens: Schon das Wort Fort-Schritt bedingt ja immer die Veränderung durch das Verlassen des bisherigen Standpunkts.

Nun wäre es schön, wenn Sie sich einmal ganz kurz auf ein kleines Experiment einlassen. Es geht darum, dass Sie in Ruhe in sich hineinfühlen, dass Sie den gefühlsmäßigen Unterschied von Worten, Sätzen, Bedeutungen und Motivationen selbst verspüren. Lassen Sie bitte einmal folgenden Satz auf sich wirken:

- Ich bin bereit, mich wesentlich zu verbessern!
- Ich bin bereit, mich wesentlich zu verbessern!
- Ich bin bereit, mich wesentlich zu verbessern!
- Ich bin bereit, mich wesentlich zu verbessern!

Nun, wie fühlt dieser Satz sich für Sie an? Wahrscheinlich gut, oder? Die meisten reagieren auf diesen Satz mehr oder weniger spontan mit angenehmen Gefühlen und empfinden eine gute Motivation. Da geht was.

Nun ein anderer Satz. Bitte lassen Sie sich wieder auf diesen Satz ein, lassen Sie diesen Satz auch in sich nachwirken und fühlen Sie, wie es Ihnen dabei geht:

- Ich bin bereit, mich wesentlich zu verändern!
- Ich bin bereit, mich wesentlich zu verändern!
- Ich bin bereit, mich wesentlich zu verändern!
- Ich bin bereit, mich wesentlich zu verändern!

Gut – und nun? Wie fühlt sich dieser Satz für Sie an? Genauso oder anders? Die meisten reagieren darauf mit gemischten Gefühlen, die meisten empfinden da so eine Ungewissheit. Ging es Ihnen auch so? Wenn nicht, ist das absolut in Ordnung.

Der Unterschied ist natürlich und einfach, sowohl die Verbesserung als auch die Veränderung sind Veränderungen, aber die Verbesserung beinhaltet schon das Happy End, während die Veränderung auch in einer Verschlechterung enden könnte. Und wenn der Mensch im Voraus sich nicht sicher ist, dass die Veränderung eine Verbesserung ist, wird er möglicherweise aus Angst, sich zu verschlechtern, schon den ersten Schritt in eine mögliche Verbesserung nicht tun. Schade, aber durchaus menschlich. Man sagt, die Menschen von heute leben mit den Genen von vor 10.000 Jahren. Mal abgesehen davon, ob das nun wirklich wissenschaftlich bewiesen ist, nachvollziehbar und logisch ist es.

Lassen Sie uns gemeinsam kurz einen Blick zurückwerfen. Wie war das denn vor 10.000 Jahren? Der Ackerbau wurde ca. 6.500 vor Christi Geburt erfunden, also vor gut 8.500 Jahren. Vor 10.000 Jahren waren die Menschen deshalb noch Nomaden, Sammler und Jäger und eben nicht sesshaft.

Die größten Ängste der damaligen Menschheit waren die drei Urängste vor Hunger, Durst und Obdachlosigkeit. Das bedeutet, wenn an Ort und Stelle nicht mehr genügend zu essen und zu trinken war, dann waren diese Menschen gezwungen, ihren Stammplatz zu verlassen und in neue Gefilde zu ziehen. Und bei dem Gedanken braucht man nicht viel Fantasie, um nachempfinden zu können, dass diese Reise ein erhebliches Lebensrisiko für alle Beteiligten darstellte.

Damit haben wir heutzutage scheinbar nichts mehr zu tun, weil wir eine Vollversorgung genießen, Essen und Trinken genug, Zentralheizung und Strom aus der Dose. Doch wehe, wir müssten einmal 24 Stunden in einer unbekannten Wildnis verbringen oder in einer völlig fremden Stadt in einem andderssprachigen Land – spätestens dann wissen wir, dass bei uns diese Urängste immer noch hellwach sind. Für die damalige Menschheit war das gut und richtig, denn wenn jemand leichtfertig einfach drauflosging, riskierte er nicht nur sein Leben, sondern auch das seiner Gruppe.

Wenn heutzutage jemand sich einfach so aufs Geratewohl verändert, riskiert er nur in den seltensten Fällen sein Leben und das seiner Familie oder Kollegen, aber die Ängste sind immer noch da und wirken unbewusst gegen alles Neue an. »Was der Bauer nicht kennt, das isst er nicht.« Oder wissenschaftlicher gesagt: »Alles Fremde ist dem Menschen feindlich.« (Frederic Vester) Der Mensch ist ein Gewohnheitstier aus evolutionärem Selbstschutz heraus. Das war gut und richtig und ist heute auch nicht völlig falsch, denn stellen Sie sich einmal vor, jeder Mensch hätte die Fähigkeit, sich und seine Gewohnheiten spontan und sofort zu verändern. Das könnte zum absoluten Chaos führen. Mit einer gewissen Trägheit der Gewohnheit lässt sich schon sicherer leben.

Zwei kleine Übungen zur Gewohnheit

- Legen Sie mal kurz das Buch weg und verschränken Sie Ihre Arme vor Ihrem Körper. Nun, wie fühlt sich das für Sie an? Wahrscheinlich merken Sie: Es ist nicht gerade ein Ausdruck totaler Begeisterung, aber es tut nicht weh und ist so ganz in Ordnung, oder?
- Nun stellen Sie sich vor, Sie wären bei einem Seminar für ergonomisch-wissenschaftlich optimiertes Armeverschränken und der größte Spezialist, Professor Dr. Ellbogen, würde Ihnen eindeutig beweisen, dass das Armeverschränken für Sie auf jeden Fall andersrum besser, effektiver und gesünder ist. Nun gönnen Sie sich mal die Freiheit und verschränken Sie Ihre Arme andersrum. Nun, wie fühlt sich das für Sie an? Wahrscheinlich schlechter, ungewohnter und unangenehmer.

Wenn morgen Ihr Kleinhirn den Armen die Aufforderung erteilt: »Arme verschränken!«, was glauben Sie, wie werden Ihre Arme das spontan machen? So wie immer oder so wie neu gelernt?

> **Erkenntnis**
>
> Gesagt ist nicht gehört. Gehört ist nicht verstanden. Verstanden ist nicht einverstanden. Einverstanden ist nicht behalten. Behalten ist nicht angewandt. Angewandt ist nicht beibehalten.
>
> (Konrad Lorenz)

1.3 Die bewusste Umlenkung des gewohnten Reflexes

Wie kommen wir also aus der Fessel Gewohnheit raus? »Lernen ist, sich das Unbewusste bewusst zu machen, um es nach gewollter Veränderung wieder unbewusst werden zu lassen.« Denken Sie kurz an Ihre erste Fahrstunde und vielleicht erinnern Sie sich noch daran, wie aufgeregt Sie waren und wie kompliziert das Autofahren insgesamt war. Schaltung, Kupplung, Rückspiegel, Seitenspiegel, nach vorne gucken, auf die Geschwindigkeit achten und einiges mehr. Mittlerweile fahren Sie wie von selbst, von innen gesteuert, unbewusst, einige Profifahrer telefonieren, gucken in der Gegend herum und essen und trinken dabei. Wer fährt denn da noch Auto? Das ideomotorische Gedächtnis. Das Gelernte ist in Fleisch und Blut übergegangen, es braucht keine bewusste Hirnleistung mehr.

Nun gut, jetzt geht es aber darum, den gewohnten unbewussten Reflex umzulenken, sich umzugewöhnen. Das heißt, es ist nicht nur ein Lernen, ein Aneignen, sondern ein Umlernen, ein Verlassen des Gewohnten, um sich an etwas Neues zu gewöhnen. Wenn Sie zum Beispiel Rechtshänder sind, dann rühren Sie einmal mit der linken Hand den Kaffee um. Oder putzen Sie sich mit links die Zähne, dann werden sie sofort merken, worum es geht. Nehmen wir an, Sie wollen sich tatsächlich in Zukunft die Zähne mit links anstatt mit rechts putzen. Dann geht das nur, wenn Sie sich jeden Morgen kurz vor dem Zähneputzen bewusst machen, dass Sie heute nicht, wie bisher gewohnt, mit der rechten, sondern mit der linken Hand die Zähne putzen. Nur so können Sie umlernen, indem Sie sich jedes Mal den ideomotorischen Reflex bewusst machen: »Stopp, ab jetzt mache ich es anders, nämlich so.« So kann es gehen, so können Sie es schaffen, allerdings nur unter Berücksichtigung der folgenden Punkte.

1.4 Die Faktoren Zeit und Wiederholung

Was glauben Sie, wie lange es dauert, bis Sie an den Punkt kommen, dass Sie Ihre Zähne mit der linken genauso wie mit der rechten Hand putzen können? Nun, was glauben Sie, wie lange? Es kommt auf mehrere Faktoren an, aber der zweitwichtigste ist die Häufigkeit der Wiederholungen. Wenn Sie nur ein- oder zweimal am Tag Ihre Zähne putzen, dann wird es gut sechs Monate dauern, bis es wirklich klappt. Ob Sie es dann beibehalten, steht wieder auf einem anderen Blatt.

> **Erkenntnis**
>
> Wenn man eine alte Gewohnheit durch eine neue Gewohnheit ersetzen will, dann braucht man mindestens sechs Monate Zeit. Gut Ding will Weile haben.

> **Eine Geschichte**
>
> Ein junger Mann hat in seinem Garten einen Apfelbaum stehen. Alle, die zu ihm zu Besuch kommen, genießen den wunderbaren Anblick dieses Apfelbaums. Der Winter geht zu Ende, der junge Mann sitzt mit einem sehr guten Freund draußen im Garten, und beide genießen die angenehme Mittagssonne. Der Freund schaut den Apfelbaum an und sagt: »Mein Gott, das ist so ein schöner Baum, dass ich dich schon seinetwegen immer wieder besuchen werde, auch wenn das unverschämt klingt.« Der junge Mann hatte schon viele Komplimente für seinen Apfelbaum bekommen, aber jetzt öffnet er sich und sagt: »Ja gut, das ist ein schöner Baum, und er blüht auch schön und trägt über zwei Zentner Äpfel, aber die schmecken so schlecht, da kann man noch nicht mal mit viel Zucker Kompott draus machen.« Der Freund sagt zu ihm: »Hör mal, wenn die Äpfel nicht schmecken, dann musst du einfach einen Baumveredler engagieren, der kommt dann zu dir und veredelt den Baum so, dass die Früchte wirklich lecker sind.« Der junge Mann hatte noch nie etwas von einem Baumveredler gehört, aber der Freund kennt einen. Sie rufen den Baumveredler an und machen einen Termin aus. Der Baumveredler kommt, schaut sich den Baum im Garten an und sagt: »Mensch, einen tollen Baum haben Sie da, das ist ja wirklich ein kräftiges Exemplar.« Und der junge Mann sagt wieder: »Ja gut, schön stark und toll, blühen tut er auch schön, zwei Zentner Frucht, aber die Äpfel schmecken überhaupt nicht. Ganz, ganz schlimm.« »Hm«, sagt der Baumveredler, »das lässt sich ändern, was hätten Sie denn gerne für einen Geschmack?« Nach einigen Überlegungen sagt der junge Mann: »Delizius finde ich toll.« Der Baumveredler sagt: »Wenn Sie wollen, können wir eine Hälfte so machen und die andere Hälfte so. Möchten Sie eine zweite Sorte haben?« Der junge Mann überlegt und antwortet:

»Ja, Boskop, das wäre noch was!« Die beiden werden sich handelseinig und machen einen Termin aus. Der Baumveredler kommt, wie bei Gärtnern üblich, schon sehr früh am Morgen, der junge Mann ist noch nicht ganz fertig. Er lässt ihn in den Garten und sagt dann zu dem Baumveredler: »Ich gehe jetzt zur Arbeit, am frühen Nachmittag bin ich wieder da, und dann können wir ja mal weitersehen.« Der Baumveredler sagt: »Bis dahin habe ich schon alles erledigt, da bin ich schon fertig.« Der junge Mann geht zur Arbeit, er hat aber die ganze Zeit seinen Apfelbaum im Kopf. Er macht noch ein bisschen früher Feierabend und beeilt sich, nach Hause zu kommen. Er geht in das Haus, öffnet die Terrassentür und schaut hinaus, da sieht er diesen Baum, den Rest von dem Baum: Es gibt nur noch Stümpfe mit fremden Ästen drin, Mull- und Lehmverbänden. Der Baum sieht wirklich aus wie ein Krüppel. Der junge Mann regt sich schrecklich auf und ruft den Baumveredler an: »Mann, was haben Sie mit meinem Baum gemacht? Ich hab gedacht, Sie veredeln den? Der ist total verkrüppelt, total im Eimer! Das ist ja nur noch eine Schande, was da steht! Ich dachte, Sie veredeln den Baum, Sie sind ja wohl verrückt!« Als er sich so einigermaßen beruhigt hat, sagt der Baumveredler: »Moment, Moment, Moment, schauen Sie, die Arbeit ist gut gemacht, den Rest machen die Natur und die Zeit. Dieses Jahr passiert nicht viel, der Baum wird sich erholen und neue Kräfte sammeln, im nächsten Frühjahr wird er wieder blühen, und im Herbst wird er Früchte tragen. Vielleicht nicht zwei Zentner, aber auf jeden Fall Delizius und Boskop, so wie Sie es wollten. Geben Sie ihm nur die Zeit.«

Nun zur Häufigkeit. Aus dem Sport weiß man: Je komplexer ein Bewegungsablauf ist, umso mehr Wiederholungen braucht der Körper, bis der neue Bewegungsablauf drin ist. Ein kleines Beispiel: Ein guter Golfspieler ist unzufrieden mit seinem langen Schlag. Er geht zu einem guten Trainer, genannt Pro, denn er möchte seinen Schlag verbessern. Nun verlangt der Trainer erst einmal von ihm, den Stand zu verändern, das fühlt sich schon komisch an und gar nicht gut. Dann kommt die Griffweise dran – so geht es, noch einmal, noch einmal … Hm, das klappt ja gar nicht und fühlt sich auch noch total blöd an. Nach einer halben Stunde schierer Verzweiflung fängt es langsam an, ein wenig besser zu werden, es ist aber noch lange nicht so gut, wie es vorher war. O.K., vorher sind die Bälle krumm geflogen, jetzt sind sie zwar gerade, aber viel zu kurz. Der Pro macht ihm zum Schluss zumindest Hoffnung, dass es besser wird – aber nur mit viel Üben wird es wirklich besser.

Auch bei den Sportlern gibt es so eine Zahl, die immer wieder herumgeistert: 10.000 Wiederholungen, damit das »Neue« Gewohnheit wird. Um wirklich an Spitzenleistungen heranzukommen, bedarf es 10 Prozent Talent und 90 Prozent Schweiß.

1.5 Die Freiheit beginnt mit der zweiten Möglichkeit

Wieder ein kleines Gedankenspiel. Sie kennen ein Baubrett oder die Baudiele. So eine Baudiele ist meist 30 Zentimeter breit, vier Zentimeter hoch und drei oder vier Meter lang. Angenommen eine Vier-Meter-Baudiele liegt flach auf dem Boden und Sie bekommen die Aufgabe, über diese Baudiele zu »balancieren«: Würden Sie das tun? Wahrscheinlich ja, vielleicht sogar ein wenig mutiger – große Schritte und mit Drehen, und wenn sogar der Übermut kommt, mit Springen und Hüpfen. O.K., das zählt also zu den leichten Übungen.

Nun stellen Sie sich vor, diese Baudiele liegt in zehn Meter oder 20 Meter Höhe zwischen zwei Häusern und Sie bekommen die gleiche Aufgabe, wieder über diese Baudiele zu balancieren. Vorausgesetzt wird die gleiche Statik, das Brett ist genauso stabil wie auf dem Boden, und es ist windstill.

Wie sieht es jetzt aus? Würden Sie es tun? Die meisten nicht, weil sie mit dem Gedanken konfrontiert werden, vom Brett abzurutschen und nach unten zu fallen. Aber das kann beim ersten Beispiel auch passieren, nicht wahr?

Der Unterschied ist die Auswirkung in Ihrer Erwartung. Wenn das Brett auf dem Boden liegt, kann man danebentreten und »runterfallen«, aber vier Zentimeter, da muss schon ganz viel danebengehen, um sich dabei ernsthaft zu verletzen. Aber von einer Höhe von zehn bis 20 Metern, das ist lebensgefährlich. Und weil es in der Erwartung keine zweite akzeptable Möglichkeit gibt, gehen fast alle nicht darüber. Es zu schaffen, Möglichkeit eins, ist o.k., aber Runterfallen – Möglichkeit zwei – ist absolut nicht o.k. Das Ergebnis ist Angst, Stress – besser nicht! Wie machen das aber zum Beispiel Hochseilartisten? Denn wenn diese Waghalsigen das gleiche Denken haben, dann muss ihr Angstsystem jedes Mal Alarm schlagen. Und jeder Mensch weiß, dass es unter Angsteinflüssen nicht möglich ist, dauerhaft Höchstleistungen zu erbringen, da Angst, wie schon aus dem Lateinischen abzuleiten ist, zu Verengungen, zu Verkrampfungen führt. Und mit Enge und Krampf lässt sich ein Drahtseilakt wirklich nicht gut zu Ende bringen. Der Trick der Hochseilkünstler ist einfach, sie haben zwei Möglichkeiten vorrangig präsent:

- Ich schaffe es.
- Falls ich falle oder abrutsche, halte ich mich am Seil fest und steige danach wieder auf.

Die Hochseilartisten haben zwei akzeptable Möglichkeiten und können so ihre ganzen geistigen und körperlichen Energien abrufen und ihren Drahtseilakt mit Erfolg zu Ende bringen.

Die dritte Möglichkeit, tatsächlich in die Tiefe zu fallen, wird durch die beiden anderen Möglichkeiten sehr weit in den Hintergrund gedrängt und führt somit nicht zur Verengung und Verkrampfung, sondern zu der nötigen Anspannung und Konzentration, um Höchstleistungen möglich zu machen. In dem Moment, wo der Mensch nur noch die eine Möglichkeit hat, entsteht Angst, und er wird dann die neue Möglichkeit, die noch nicht bekannte ungewohnte Chance, nicht wahrnehmen, den gefährlichen Weg nicht beschreiten. Um also einen neuen Weg beschreiten zu können, braucht jeder eine zweite akzeptable Möglichkeit.

Falls Sie neue Wege gehen wollen, hier ein kleiner Tipp. Es geht ja darum, sich ein gewünschtes und gewolltes Verhalten anzugewöhnen und ein altes Muster zu verlassen. Falls Ihnen gar keine akzeptable zweite Möglichkeit einfällt, dann nehmen Sie einfach die alte Gewohnheit, dann machen Sie zur Not das, was Sie schon immer gemacht haben – ganz so schlimm kann es ja nicht sein, weil Sie bis hierher gekommen sind, oder?

Motto: Wenn du etwas »Neues« machst, verschaffe dir in deinem Denken eine zweite akzeptable, machbare Möglichkeit.

> **Erkenntnis**
> Wenn der Mensch keine Wahl zwischen zwei akzeptablen Möglichkeiten hat, entsteht nicht nur Angst und negativer Stress, sondern auch Zwang. Erst mit der zweiten Möglichkeit entsteht die Freiheit zu wählen.

Ein guter Verkäufer zeichnet sich durch die Fähigkeit aus, mit mehreren Möglichkeiten ans gewünschte Ziel zu kommen. Und ein gutes Training bereichert einen Verkäufer mit neuen praktikablen Möglichkeiten. Mehr Möglichkeiten – mehr Chancen.

1.6 Die Formel für Erfolg: $P = F/A$

Wenn Sie kein Physik-Fan oder -Genie sind, dann werden Sie sich darunter erst einmal nichts vorstellen können. $P = F/A$ kann vieles sein. P = Druck, F = Kraft und A = Fläche. Also: Druck = Kraft/Fläche. Jetzt kann der eine oder andere schon mit seiner Intelligenz und seiner Vorstellungskraft beginnen, sich Verhältnisse vorzustellen. Jetzt lernen Sie die Formel einmal haptisch kennen.

Übung 1: Nehmen Sie bitte einen Stift in die Hand und drücken Sie mit dem hinteren dicken Ende auf den Handrücken der anderen Hand. Sie können nun mit der Hand, in der Sie den Stift halten, beziehungsweise mit dem Arm die Kraft variieren und Sie spüren dann auf dem Handrücken

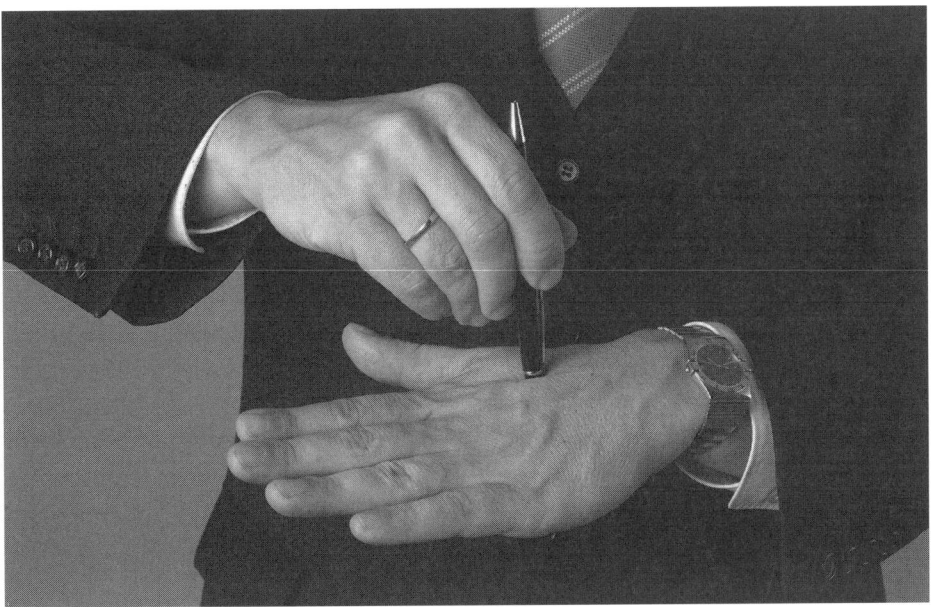

Abbildung 7: Kuli mit der flachen Seite auf der Hand

den unterschiedlichen Druck. Je mehr Kraft, desto mehr Druck bei gleichbleibender Fläche. Gut.

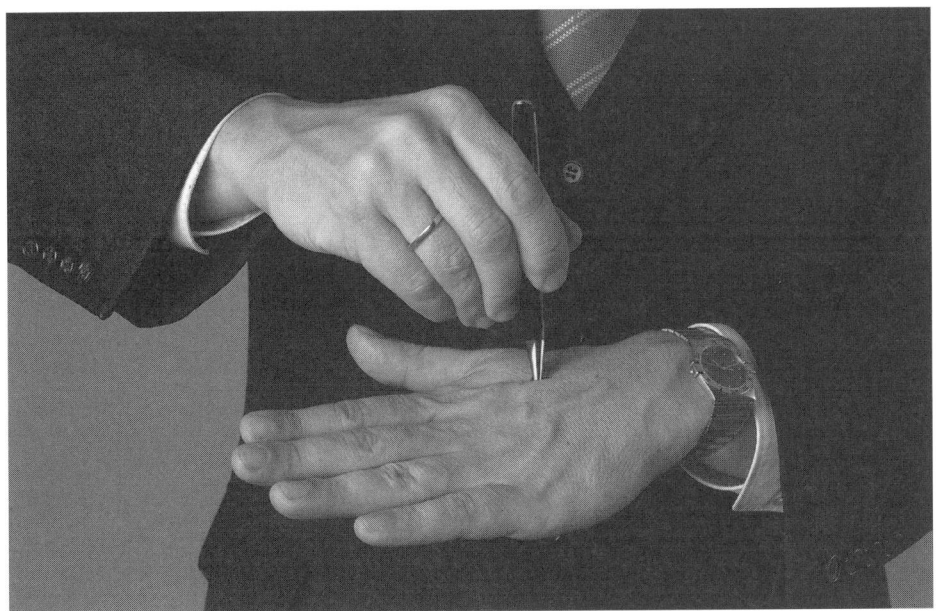

Abbildung 8: Kuli mit der Spitze auf der Hand

Übung 2: Nun drehen Sie Ihren Stift herum, mit der Spitze zum Handrücken und variieren Sie wieder mit der Kraft (vorsichtig) und spüren Sie jetzt den Druck. Das Ergebnis liegt klar auf der Hand: Je kleiner die Fläche, desto höher der Druck – bei gleicher Kraft.

Jetzt übertragen Sie die Formel auf Erfolg. Jeder, der mit Mathematik gut umgehen kann, fängt jetzt an zu schimpfen, aber es geht nicht um die Richtigkeit der Formel, sondern um den richtigen Sinn.

Erfolg = Kraft/Konzentration: Wenn Sie mehr Erfolg wollen, dann können Sie Ihre Kraft erhöhen, aber irgendwann werden Sie Ihr Limit an psychischer oder physischer Belastung erreicht haben. Das kann nicht der beste Weg sein. Der beste Weg ist der, sich auf ein Ziel in einer gewissen Zeit besonders zu konzentrieren. Nach diesem Prinzip funktionieren der Schweißbrenner, das Brennglas, der Laserstrahl. Die Technik von heute schneidet mit einem Wasserstrahl, mit der obigen Formel, Stahlplatten. Auch die asiatischen Kampfsportler nutzen diese Formel: Die ganze Kraft auf den kleinsten Punkt in der kürzesten Zeit, dann kommt man auch durch. Wenn Sie wollen, nennen Sie es das Laser-Prinzip. Nutzen Sie diese Formel, konzentrieren Sie sich auf das Erreichen Ihrer »neuen« Ziele, dann schaffen Sie den Durchbruch.

1.7 Wie erhöhe ich meine Motivationsstärke?

Motivation kommt aus dem Lateinischen und ist auch ein sehr haptischer Begriff, denn er bedeutet bewegen, besser: Bewegungskraft oder Antriebskraft.

Bei vielen Motivationstrainings heißt es schön, man muss nur richtig wollen, dann schafft man auch alles. Sie kennen sicher den berühmten Satz: »Gewonnen wird im Kopf.« Es lohnt sich, darüber einmal kritisch nachzudenken, weil doch so viele Motivationsfeuerwerke am Ende in Trübsal enden. Die Frage ist: Wie kann man sich eine solide Motivationskraft schaffen, die langfristig zu Erfolg, Glück und Zufriedenheit führt?

Was halten Sie von folgender Formel: Motivationsstärke = Anreizwert x Eintrittswahrscheinlichkeit? Diese Formel ist nicht neu, sie wurde 1974 von Herrn Heckhausen geprägt.

Wenn es darum geht, die eigene Motivationsstärke zu erhöhen, ist das nicht nur eine Frage des Anreizwertes (Wollen, Wünsche und Ziele), sondern eine Frage der Eintrittswahrscheinlichkeit, eine Frage des Glaubens, eine Frage des subjektiven Empfindens. Gewonnen wird also nicht nur im Kopf, sondern im Bauch, im Gefühl, im Glauben! Weil: 100 Prozent Anreizwert mal 0 Prozent Eintrittswahrscheinlichkeit ist 0 Prozent Motivationsstärke. Wenn Sie also ein Ziel, einen Anreizwert, wählen, dann muss dieses im Bereich der Eintrittswahrscheinlichkeit liegen. Sie müssen glauben, dass Sie das Ziel auch erreichen, sonst entwickelt sich keine Antriebskraft.

> **Erkenntnis**
> Nimm dir nur die Ziele vor, die erreichbar sind.

Um Ihren Glauben zu testen, haben Sie folgende Möglichkeiten, falls Sie nicht eine so tolle Beziehung zu Ihrer inneren Stimme oder Intuition haben.

Formulieren Sie das von Ihnen anvisierte Ziel aus und fühlen Sie, wie es Ihnen dabei geht. Sprechen Sie es sich laut vor und achten Sie darauf, welche Gefühle Sie dabei haben. Schreiben Sie sich die Zielformulierung auf. Wie stark haben Sie formuliert? Welche Verwirklichungskraft steckt in dem Satz? Lassen Sie den Satz auf sich wirken. Wenn Sie sehr genau wissen wollen, wie es um Ihren Glauben steht, machen Sie mithilfe eines Partners den »Armtest«. Dieser körperliche Test zeigt genau, wie Ihre innere Stimme, Ihr Glaube, zu dem gewollten Ziel steht. Der Fachbegriff lautet dazu Kinesiologie. Und es gibt eine Menge guter Literatur dazu. Die Erkenntnis ist denkbar einfach und absolut haptisch: Der Körper lügt nicht.

Auch bei der Motivation von Mitarbeitern ist dieser Faktor Eintrittswahrscheinlichkeit wichtiger als der Anreizwert. Es kann also nur die Lösung geben, die Ziele an den zu Motivierenden individuell anzupassen und nicht alle über einen Kamm zu scheren. Man muss den Menschen, den man motivieren will, auch sich selbst, da abholen, wo er steht, anstatt ihn aufzufordern, Dinge zu tun, die er sich gar nicht zutraut – da nützen auch die tollsten Anreizwerte nichts.

Den Glauben, Ziele zu erreichen, kann man nur lernen, indem man einmal erfährt, dass man das, was man sich vorgenommen hat, auch erreicht hat. Der Glaube nährt sich an der gelebten Erfahrung. Deshalb: Geben Sie sich die Erfahrung, indem Sie mit nahe liegenden Zielen beginnen. Glauben Sie nicht an den Trick mit den Siebenmeilenstiefeln, das sind Ausnahmen, die auch passieren können. Aber in der Regel ist das Erreichen von Zielen nur durch die Bewegung in die richtige Richtung möglich, und da gibt es wieder nur die eine Möglichkeit: einen Schritt nach dem anderen zu machen. Kein Mensch kann den zweiten Schritt vor dem ersten tun, und kein Mensch hat aus eigener Kraft die Möglichkeit, größere Schritte zu machen, als ihm seine Beinlänge erlaubt.

Motto: Lieber bescheiden erfolgreich als unbescheiden unglücklich.

Das haptische Erfolgssystem

Learning by doing

- Welche Erkenntnisse ziehen Sie aus dem haptischen Erfolgssystem?
- Wählen Sie sich jeweils ein Hauptziel in den folgenden drei Kategorien.
- Beruf, Karriere und Geld
- Gesundheit
- Gefühl, Beziehungen, Familie und Glück
- Überprüfen Sie Ihre Ziele, ob sie für Sie selbst glaubhaft sind.
- Planen Sie Details, wie viel Zeit, wie viele Wiederholungen räumen Sie sich ein?

2 Was ist überhaupt Verkaufen?

Das Verkaufen ist so alt wie die Menschheit selbst, es hat wohl mit Tauschhandel begonnen, und wahrscheinlich gab es schon immer erfolgreiche und weniger erfolgreiche Verkäufer. Der Beruf des Verkäufers genießt in Deutschland leider kein hohes Ansehen, obwohl es vollkommen klar ist, dass nur der Verkäufer derjenige ist, der für den Produzenten die Ware an den Mann/die Frau bringt. Kein Verkäufer – kein Umsatz; kein Umsatz – kein Gewinn; kein Gewinn – PLEITE. Dass der Verkäufer das einzige Bindeglied zum Markt und damit zum Erfolg ist, haben auch die drei Beispiele der ganz großen Erfindungen der modernen Menschheit gezeigt (elektrisches Licht, Telefon, Computer). Nur der Verkäufer bringt die Ware zum Kunden, sonst keiner. Das, was in Deutschland als Direktgeschäft oder Fabrikverkauf bezeichnet wird, ist nichts anderes als ein anderer Vertriebsweg, der wiederum von Verkäufern erfolgreich oder eben nicht erfolgreich betrieben wird. Man könnte meinen, dass in Deutschland die Auswüchse der Rezession nicht so stark wären, wenn der Beruf des Verkäufers allgemein höher anerkannt wäre. Aber wie soll denn der deutsche Kunde den Beruf des Verkäufers achten, wenn Verkäufer sich selbst nicht achten, ja, manche sich sogar dafür schämen? Das merkt man bei den meisten Verkäufern, wenn sie nach ihrem Beruf gefragt werden. Was gibt es da für kreative Antworten: »Ich bin Vertriebsmitarbeiter, Firmenrepräsentant, Gebietsleiter, Bereichsleiter.« Oder: »Ich habe eine Versicherungsagentur, aber wir machen auch Finanzierungen und Immobilien.« Und dann gibt es noch die schönen Beraterformulierungen: Kundenberater, Finanz-, Wirtschafts-, Vermögensberater, Financial-Planner ... Wenn der Verkäufer seinen eigenen Beruf nicht voller Stolz vertritt, wie sollen die Verbraucher Achtung empfinden? Dass man dem Endverbraucher gegenüber den Begriff Verkäufer vielleicht nicht direkt ausspricht oder umschreibt, mag noch einigermaßen akzeptabel sein, aber der innere Verkäuferstolz darf dabei nicht verloren gehen.

2.1 Verkaufen ist nicht Verteilen

Viele Verkäufer träumen von einem idealen Markt mit optimaler Konjunktur. Ein idealer Markt in der Betrachtung eines unwissenden Verkäufers ist ein Markt, in dem der Kunde kontinuierlich sein Produkt braucht und natürlich auch genügend Kaufkraft hat. Einmal angenommen, der Markt wäre ideal. Das würde bedeuten, dass Ihr Kunde andauernd zu Ihnen ins Geschäft kommt und schon wieder das XY-Produkt kaufen will. Das Geschäft brummt, Tag für Tag, Monat für Monat, Jahr für Jahr. Ideal? Kurzfristig gesehen ja, langfristig nein. Wenn der Kunde von selbst kaufen will, drängen immer mehr Anbieter in den Markt, dadurch sinken die Preise und die Bezahlung der Verkäufer, denn der Produzent braucht keine Verkäufer mehr, sondern nur noch Abfertigungsbeamte, Verteiler. Wenn ein Produkt eine kaum zu befriedigende Nachfrage hat, sinkt die Handelsmarge beziehungsweise die Verkäuferprovision. Wenn die Provision sinkt, stirbt die Existenzgrundlage für gute Verkäufer. Es kommen die menschlichen Verteiler, bis auch diese durch Automaten zu ersetzen sind. Ein professioneller Verkäufer weiß, dass ein »schwieriger« Markt die beste Existenzgrundlage ist. Ein idealer Markt ist der Anfang vom Ende des Verkäufers. Somit ergibt sich, dass wirkliches Verkaufen da anfängt, wo der Kunde eben noch nicht von selbst kaufen will.

> **Erkenntnis**
>
> Wirklich Verkaufen heißt, einem Kunden, den man noch nicht hat, etwas zu verkaufen, das der noch nicht wollte.

Es ist überflüssig festzustellen, dass ein professioneller Verkäufer es nicht nötig hat, dem Kunden »Dreck in Dosen« zu verkaufen. Ein wirklich guter Verkäufer verkauft dem Kunden natürlich nur das, was der Kunde wirklich braucht, denn ein guter Verkäufer denkt nicht nur von Jahr zu Jahr, er denkt an seinen Feier- und Lebensabend, an sein Ansehen, an die Hochachtung, die ihm die Kunden aufgrund seiner Zuverlässigkeit, seiner Kompetenz und seiner Seriosität entgegenbringen. Er lebt und liebt sein Image.

2.2 Vom Berater zum Verkäufer

In Deutschland wird, wahrscheinlich geprägt vom eher schlechteren Verkäuferimage, eine Beratermentalität erzeugt, gefördert und mit Anerkennung ausgeschmückt. Berater: Das hört und fühlt sich doch toll an, oder?

Was ist überhaupt ein Berater? Genau definiert ist ein Berater jemand, der nach seiner Beratung dem Kunden eine Honorarrechnung stellt, vollkommen unabhängig davon, was der Kunde mit dem Wissen aus der Beratung tut.

Ein Verkäufer bekommt Provision. Und Provisionen bekommt der Verkäufer nur dann, wenn der Kunde abschließt. Egal, ob freier Handelsvertreter oder Angestellter. Ein angestellter Verkäufer erhält sein Gehalt auch nur so lange, wie das Unternehmen aufgrund seiner Verkäufe ausreichend Profite macht. Wenn nicht, wird er entlassen, oder sein Unternehmen geht Pleite. Da gibt es auch so manche Verkäufer, die dem Kunden sagen: »Hören Sie mal, ob Sie das nun bei mir machen oder nicht, das ist mir egal, ich bekomme mein Gehalt so oder so.« Vorsicht! Das ist eine böse Falle, wenn er das auch noch wirklich glaubt.

Wenn Sie einmal darüber nachdenken, was glauben Sie, wie viele Menschen in Deutschland Verkäufer sind? Sehr, sehr viele, oder?

2.3 Verkaufen ist Kommunikation

Was würde Ihr Kunde tun, wenn er wüsste, was er braucht? Kaufen, nicht wahr? Wenn Sie also davon ausgehen, dass Ihr Kunde begreift, was er braucht, dann ist Verkaufen gleich Wissens- beziehungsweise Informationsvermittlung. Und das nennt man Kommunikation. Der Verkäufer sendet Informationen in der Hoffnung, dass der Kunde diese Informationen aufnimmt. Der Verkäufer sendet Informationen, die den Kunden zum Abschluss führen. Und der Kunde ist bereit zu kaufen, wenn er diese Informationen wahrnimmt, das heißt, nicht nur aufnimmt, sondern auch für wahr hält, also glaubt. Sie sehen: Verkaufen ist letztendlich auch solide und seriöse Vertrauensbildung, die zum Aufbau einer langfristigen Kundenbeziehung führt.

Wenn Verkaufen Kommunikation ist, dann lassen Sie uns gemeinsam prüfen, welche Kommunikationsmittel dem Menschen zur Verfügung stehen.

Der Mensch hat fünf Sinne, die in drei Lernkanälen münden (siehe Abbildung 9): Auditiv, visuell und kinästhetisch kommen aus dem Lateinischen. Kinästhetisch bedeutet bewegungs-erlebnis-orientiert. Ein tolles Wort, denn da steckt des Rätsels Lösung drin. Im Griechischen nennt man es haptisch. Und der Mensch ist ein bewegungs-erlebnis-orientiertes Wesen. Aus meiner Sicht ist darum die folgende Feststellung wichtig: Im Verkaufsprozess sollen und müssen möglichst alle Sinneskanäle angesprochen werden.

Übrigens: Wenn Sie zu denjenigen gehören, die argumentieren, das Riechen und Schmecken habe doch nichts mit Haptik zu tun, bin ich ganz frech und sage: Auch das Riechen und Schmecken sind körperliche Wahrnehmungen und haben darum sehr viel mehr mit Haptik zu tun, als bisher angenommen. Und haben Sie sich schon einmal überlegt, dass wir

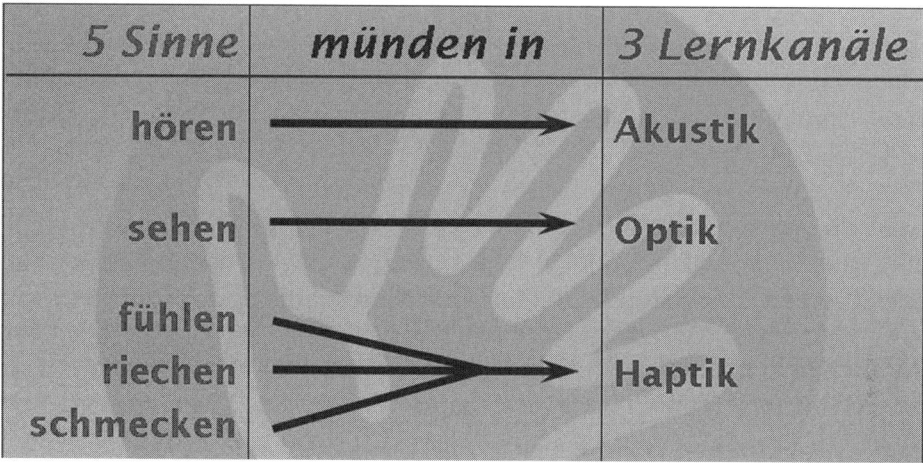

Abbildung 9: Fünf Sinne – Drei Lernkanäle

über die Netzhaut sehen und es im Auge auch die Lederhaut, die Aderhaut und die Hornhaut gibt?

Überhaupt ist für mich die Frage, was zur Haptik gehört, noch nicht endgültig beantwortet. Ein Beispiel: »Das Ohr ist herausgeformt aus der Haut« – sagt der Pädagoge, Philosoph und Künstler Hugo Kükelhaus (1900-1984). Und das stimmt: Was wir hören, sind Schallwellen, oder noch einfacher beschrieben: Schwingungen, und die prallen auf unsere Haut. Übrigens überall auf unsere Haut. Wir hören also mit unserem ganzen Körper, aber das Ohr ist als Empfangsorgan darauf spezialisiert, sehr fein hören zu können. Es ist deshalb in unserer Wahrnehmung dominant. Aber wo fängt das Hören des Ohres an? Das äußere Ohr ist der Trichter und dann kommt das Trommelfell. Das Trommelfell nun ist ein Stück spezialisierte Haut, die über einen Hohlraum gespannt ist, um dahinter mit Mechanik und Nerven Schwingungen im Gehirn interpretieren zu können.

Und darum ist das Hören tatsächlich eine Spezialisierung des Tastsinnes. Hören ist ursprünglich betrachtet – Haptik.

Learning by doing

- Welche Einstellung haben Sie zum Beruf des Verkäufers?
- Welche Punkte sind Ihnen aufgefallen beim Thema Verkaufen?
- Wollen Sie an einem dieser Themen arbeiten und sich fortentwickeln?
- Über welche Sinneskanäle haben Sie bis jetzt vor allem verkauft?

3   Die heutige Informationsflut

Schon Ende der 1980er-Jahre kam der Begriff Informationsflut auf, sogar die Worte Informationsinfarkt und Informationsaids wurden gebraucht. Die Wissenschaft befürchtete, dass der Mensch die Informationen nicht mehr verarbeiten kann und deswegen zunehmend psychische Probleme hat. Schon hier sei gesagt, trotz aller Unkenrufe: Der Mensch, oder besser sein Gehirn, kommt mit der Informationsflut verblüffend gut zurecht. Nun zurück – wodurch und wann ist die Informationsflut entstanden? Es waren bestimmt nicht die Minnesänger oder Gutenberg mit dem Buchdruck anno 1438.

- Bücher waren bis zum 20. Jahrhundert nur etwas für Privilegierte. Erst nach dem Zweiten Weltkrieg wurden Bücher für jedermann erschwinglich.
- Es war auch nicht die Massenpresse Ende des 19. Jahrhunderts alleine. Und eine Tageszeitung zu lesen, ist so alt auch nicht. Früher, und das ist gar nicht lange her, las man noch die Sonntagszeitung.
- Die Flut stieg mit den modernen Medien gewaltig an. Kurz vor 1900 wurde das Radio erfunden, aber es kam erst mit dem Volksempfänger als Propagandamittel ab 1933 in die Haushalte, wobei oft nur ein Gerät im ganzen Dorf oder in der Dorfkneipe stand. Erst nach dem Krieg kam das Radio zu jedermann nach Hause.
- Das Fernsehen wurde kurz vor 1900 erfunden, nach Deutschland kam es mit der Fußballweltmeisterschaft 1954, 1963 entstand das ZDF und 1984 RTL als erster Privatsender, kurz danach sendete das Fernsehen rund um die Uhr.
- Das Telefon kam in Deutschland nach dem Zweiten Weltkrieg in die Wohnungen. 1970 wurde man noch gefragt: »Hast du Telefon?« Fragen Sie das heute mal. Diese Frage wäre fast eine Beleidigung, und als Antwort kommt dann wahrscheinlich: »Klar, und Handy und Fax und E-Mail, was denkst denn du?«
- Einen regelrechten Informationsschub, ja Informationshype gibt es natürlich, seitdem das Internet in die Büros und dann in die Wohnzimmer eingezogen ist.
- Dieser Informationsschub fällt so gewaltig aus, dass mittlerweile die Überlegungen weniger dahin gehen, wie wir noch mehr Informatio-

nen aufnehmen und verarbeiten können. Vielmehr ist von der Informationsentschleunigung die Rede, und als privilegiert gilt nicht mehr derjenige, der sich immer und überall informieren kann, sondern derjenige, der es nicht nötig hat, permanent auf dem neuesten Stand der Informationsdinge zu sein. Die Informationsflut entwickelt sich zum Informationsfluch. Wir müssen schnellstmöglich lernen, wie wir entscheiden können, welche Informationen wichtig für uns sind – und welche nicht.

Entscheidend für unseren Zusammenhang ist vor allem, dass die Informationen nach wie vor zum Großteil über den auditiven und den visuellen Kanal laufen. Zwar gewinnen die haptischen Sinne an Bedeutung, aber sie hinken ihren Sinneskollegen Auge und Ohr immer noch hinterher. Das mag auch daran liegen, dass der griechische Philosoph Aristoteles den Tastsinn als den »niederen Sinn« beschrieben hat. Die Vernachlässigung der haptischen Sinne ist kulturell bedingt.

> **Erkenntnis**
> - Die Informationsflut von heute läuft ausschließlich über die Kanäle Hören und Sehen. Augen und Ohren sind total überlastet.
> - Die Kanäle Fühlen und Anfassen, Riechen und Schmecken kommen dagegen immer noch zu kurz, rücken aber immer stärker in den Fokus der Aufmerksamkeit.
> - Es gibt Gründe, von der (Wieder)Entdeckung der Haptik zu sprechen – trotzdem gibt es immer noch haptischen Nachholbedarf.

Dass eine so dramatische Zunahme der Informationen Auswirkungen auf die Kommunikationskultur hat, und damit auf das menschliche Gehirn und das Verhalten der Menschen, ist leicht nachzuvollziehen. Aber was ist dadurch wirklich passiert, und wie hat sich dadurch speziell das Ein- und Verkaufsverhalten geändert?

4 Das immer wieder neue Gehirn

Seit Anfang der 1980er-Jahre haben die Wissenschaftler festgestellt, dass das menschliche Gehirn sich dramatisch verändert. Diese Veränderung des Gehirns in den letzten 30 Jahren ist radikaler als in den letzten 10.000 Jahren davor. Hinzu kommt: Die Hirnforschung hat in den vergangenen Jahren mehr über das Gehirn gelernt als in den 100 Jahren zuvor. Man darf sagen, dass das Gehirn immer wieder aufs Neue »erfunden« wird.

Das heißt aber nicht, dass wir tatsächlich wissen, was genau dort oben in unserem Oberstübchen abläuft. Es ist sehr zweifelhaft, ob wir jemals die Funktionsweise unseres Denkapparats bis in jede Einzelheit verstehen und nachvollziehen können.

Ich bitte Sie, die Ausführungen dieses Kapitels und der zwei nächsten Kapitel, in denen es um die Funktionsweise des Gehirns geht, unter diesem Aspekt zu lesen. Mir geht es nicht um wissenschaftliche Schlüssigkeit. Wenn ich später auf das Zwei-Hemisphären-Modell eingehe, so nur, um Ihnen in der Folge haptische Verkaufsprozesse besser und anschaulicher verständlich zu machen und um die Relevanz der Haptik für die Beziehung zwischen dem Verkäufer und dem Kunden darzustellen.

Wenn die Hirnforschung mittlerweile von diesem Modell abrückt und zum Beispiel davon ausgeht, es gebe nicht zwei Zugänge – den sprachlich-rationalen und den bildlich-emotionalen –, sondern vier Zugänge zum Gehirn, so ist das für meine Argumentation sekundär. Und dabei habe ich kein schlechtes Gewissen, denn eine wissenschaftliche Erkenntnis ist immer nur so lange richtig, bis etwas anderes als bewiesen gilt. Vielleicht gibt es acht, zwanzig oder gar hundert Zugänge zum Gehirn.

Vor diesem Hintergrund fasse ich nun einige wichtige Erkenntnisse über unseren Denkapparat für den Verkauf zusammen.

4.1 Generationenkluft

Die jungen Menschen, das sind alle unter 30, so sagt man, haben ein modernes Gehirn, das bedeutet, sie können viel besser mit der heutigen Informationsflut umgehen, ja, sie brauchen sogar bis zu einem bestimmten Maß diese Flut, um sich wohlzufühlen. Einer der grundlegenden Unterschiede ist, dass das »junge« Gehirn die Informationen wenig verbunden mit anderen Assoziationen verarbeitet und auch nicht mehr automatisch emotionalisiert. Die Informationen lösen kaum noch Gefühle aus. Das ist für den Verkauf von ganz erheblicher Bedeutung. Die »jungen« Gehirne brauchen also eine gewisse Reizüberflutung, das heißt: Ein Gespräch unter vier Augen in aller Ruhe zu Hause, wo einen jeder kennt, ist zu langweilig. Das Gespräch muss ein Erlebnis werden. Der Verkäufer muss bei einem »jungen« Gehirn ein ganz schönes Feuerwerk abfackeln, um Emotionen zu wecken, dabei aber gleichzeitig eine gewisse Anfangsscheu berücksichtigen.

Die Menschen im Alter von 30 bis 50 haben eine Art »Übergangsgehirn«.

Und wer über 50 ist, hat ein »altes« Gehirn. Ein »altes« Gehirn kommt mit einem »modernen« Gehirn rein kommunikativ gar nicht so gut zurecht. Wenn also ein »altes« Verkäufergehirn ein junges Kundengehirn gewinnen will, muss sich der Verkäufer entweder darauf einstellen (unwahrscheinlich), oder er muss sich junge Verkäufergehirne ins Geschäft holen, die die jungen Kundengehirne besser bedienen können.

4.2 Denkparadoxon

Die jungen Hirne können und müssen mit Denkparadoxien zurechtkommen. Die einfachen Denkmodelle von früher sind nicht mehr haltbar. Stellen Sie sich einmal vor, ein Kind würde die Tagesschau emotional miterleben – die Menge der schlechten Nachrichten würde das Kind erdrücken. Und zwischendurch kommen dann kaum zu glaubende Highlights. Deshalb schaltet sich das Empfinden bei den meisten Informationen einfach aus. So kommt es dann zu solchen irrwitzigen Situationen in deutschen Wohnzimmern: Der Nachrichtensprecher berichtet, dass eine Hungersnot zig Tausende Tote gefordert hat. Gleichzeitig fragen die Kids, ob man vielleicht heute Abend Pizza bestellen soll. Oma und Opa sind schockiert, wie gefühllos (cool) die Jugend von heute ist.

4.3 Neue Bewusstlosigkeit

1971 wurden noch 3 Prozent aller Informationen bewusst verarbeitet, 1989 nur noch ein Prozent. Was glauben Sie, wie viel Prozent aller Informationen heute noch wirklich bewusst erfasst wird? Weniger als 0,5 Prozent, der Rest von 99,5 Prozent wird unbewusst abgespeichert.

Wenn Sie die ersten drei Punkte zum Thema »Neues Gehirn« zusammenfassen, erkennen Sie, dass der alte Satz in der Branche: »Der Kunde kauft, wenn er begreift, warum« nicht mehr richtig ist. Denn bei einem Kunden tatsächlich bis zum Hirn zu gelangen, ist heute gar nicht mehr so einfach. Aber es geht. Mit dem nächsten Thema wird auch klar, wie. Die Information muss besonders sein, besonders intensiv oder besonders eindrucksvoll, die Information muss einen Erregungswert haben.

4.4 Erregungswert

Die Informationen werden durch das Sieb »emotionale Erregbarkeit« gefiltert. Die Wissenschaftler haben einen so genannten »Erregungswert-Index« ermittelt. 100 ist die Base-Line, das heißt, die Information ist weder positiv noch negativ emotional erregend, sie ist neutral. Unter 100 wird der Erregungswert negativ bis hin zum Ekel, und über 100 wird er positiv. Ab Erregungswert 150 löst die Information die Motivation zur Aktion aus. Das bedeutet, wenn die Information den Erregungswert von 150 übersteigt, möchte der Empfänger die Information erleben. Die Information muss also einen Erregungswert von 150 haben, um bewusst registriert zu werden und zum Kauf zu animieren. Wenn Sie Ihren Kunden zum Kauf bewegen wollen, dann geht das heute nicht mehr alleine mit ein paar sachlichen Argumenten, die auf dem Weg ins Kundenhirn schon verflogen sind.

4.5 Maximalgenuss und Schocktherapie

Das Gehirn wird mit einem immer breiteren Spektrum an Reizen konfrontiert, dadurch sucht es stets nach dem maximalen Thrill. Dieses Phänomen nennt man auch Schlaraffenland-Effekt. Die schrillsten Farben, verrückte Genüsse, immer lautere Töne. Gleichzeitig muss Abwechslung her, immer schneller, immer extremer.

Der moderne Mensch sucht den Kick, der moderne Mensch sucht in der ständigen Flut andauernd nach der noch höher herausragenden Information, nach dem ganz besonderen Erlebnis. 1969 hat man gedacht, Woodstock wäre verrückt und die Musik wäre zu laut (bis 120 Dezibel), heute tragen 140 Dezibel und Basslautsprecher, die einen fast umpusten, wegen der guten Vibration zur nötigen Grundstimmung bei. Die plötzliche Steigerung, die ein Teilnehmer aus Woodstock in einem Techno-Tempel mitmachen müsste, würde wahrscheinlich direkt zum Kollaps führen.

Moderne Kunden von heute brauchen ein Erlebnis. Also raus aus dem uniformierten und genormten Brei zum angenehmen, besonderen Informationserlebnis. Überlegen Sie sich mal, wo Sie als Person, wo Ihr Gespräch oder Ihr Büro Ihrem Kunden einen besonderen Kick bieten können. Achtung: Das bedeutet auch, dass das ausschließliche Vorteile-Verkaufen nicht mehr reicht. Die Menschen von heute suchen auch nach dem »angenehmen«, noch verdaubaren Schock. Zu einem guten Verkauf gehört heute also auch einmal ein angenehmes »Huch!« und »Auwei!«.

4.6 Die Waage zwischen Gehirn und Körper

Ist es Zufall oder passt es zusammen?

- *(Ausgleich) Sport:* Erinnern Sie sich noch, wann die erste große Welle im Freizeitsport kam? James Fixx 1983 war der Anfang vom Durchbruch, dann kam Aerobic und aktuell ist es Spinning, Tae Bo und vieles mehr. Heute gibt es viele Extrem-Sportarten. (Extreme Informationsflut bedarf eines extremen Körpererlebnisses zum Ausgleich.)
- *(Ausgleich) Essen:* Das Große Fressen, der Film kam 1973, 1987 gelang Paul Bocuse der Durchbruch. Die Nouvelle Cuisine kam und damit die Zeit, in der man für einen Gaumenschmaus Gott weiß was bezahlte.
- *(Ausgleich) Sex:* Anfang der 1970er-Jahre kam mit Oswald Kolle die sexuelle Befreiung. Ingrid Steeger und Elisabeth Volkmann waren die ersten nackten Busen in Serie im deutschen Fernsehen.

Alle drei oben angeführten Bereiche sind ohne jede Frage erlebnisorientiert, oder? Alle drei sind körperorientiert. Wir sind vor gut 18 Jahren von der Stadt aufs Land gezogen. Beim Gespräch mit einer älteren Bäuerin in der Nachbarschaft sagte sie so schön: »Ach Junge, ihr mit euren modernen Sportarten, das brauchten wir früher nicht, wir haben gearbeitet.« Nun, was meinen Sie, hat sie nicht Recht? Wir sind immer mehr zu Kopfmenschen geworden, wir brauchen unseren Körper nur noch, um unseren Kopf von der einen Stelle zur anderen zu bringen.

Es kommt noch ein weiterer Punkt dazu, der die ganze Sache verschärft. Vor 30 Jahren sind die meisten noch zu Fuß zur Schule, zur Arbeit, zum Einkaufen gegangen. Was ist heute von dieser ganzen Beschaffungsbewegung noch übrig? Kaum was. Und was kann man daraus schließen? Wer die heutige Informationsflut überleben will, muss sich freiwillig bewegen, sonst wird es wahrscheinlich nicht lange gut gehen mit der Gesundheit. Wenn Sie diesen Zusammenhang zwischen Informationsflut und körperlicher Bewegung nicht nachvollziehen können, sprechen Sie mal mit Eltern, die am Samstag mit ihren Kleinkindern in die Stadt zum Einkaufen gefahren sind, wie die Kinder nach zwei bis drei Stunden drauf sind. Der blanke Wahnsinn – hyperaktiv bis zum plötzlichen Schlaf. Die Kinder zeigen da wirklich gut, was wir Erwachsenen schon zu verdrängen gelernt haben. Gehen Sie mit Kleinkindern mal zwei bis drei Stunden in der Natur spazieren, dann kennen Sie den Unterschied. Der Mensch ist bewegungs-erlebnis-orientiert, heute mehr denn je.

4.7 Kaufprozesse auf allen fünf Sinnen emotionalisieren

Die Ausführungen zeigen, dass es keine verlorene Zeit ist, wenn Sie sich als Verkäufer mit den neuesten Erkenntnissen der Hirnforschung auseinandersetzen. Entscheidend ist die Emotionalisierung des Kaufprozesses – auch mithilfe der Haptik. Die Neuroökonomik besagt, dass der Mensch jedes Signal im Hirn emotional bewertet. Selbst Hirnforscher, denen lange Zeit die Ratio als unumschränkter Herrscher bei menschlichen Entscheidungen galt, legen Untersuchungen vor, nach denen Emotionen und Instinkte weitaus umfassender Entscheidungsprozesse beeinflussen, als bisher gedacht. Der Neurologe Antonio Damasio sagt, dass »jede Entscheidung einen emotionalen Anstoß braucht. Aus purem Verstand heraus könne der Mensch nicht handeln.« Und Hirnforscher Hans-Georg Häusel, der sich mit den Auswirkungen der Denkleistungen unseres Gehirns auf Management und Verkauf beschäftigt, erklärt: »Wenn man heute den Kern der Hirnforschung zusammenfasst, kann man es auf einen einfachen Satz reduzieren: Alles, was keine Emotionen auslöst, ist für unser Gehirn wertlos.«

Auch der Kunde ist keine rationale Entscheidungsmaschine. Und darum sollten Sie bei sich ein Bewusstsein dafür schaffen, dass der Kunde nie allein nach rationalen Kriterien eine Kaufentscheidung fällt. Vielmehr trifft er seine Entscheidungen unbewusst, intuitiv und zuweilen auch irrational. Das Bauchgefühl spielt eine Rolle, Kunden und ihre Kaufentscheidungen sind in höchstem Maße von den Gefühlen abhängig.

Für unser Thema heißt das: Die Emotionalisierung des Kaufprozesses und Ihre Beziehung zum Kunden gelingt umso besser, auf je mehr Sinneskanälen Sie mit dem Kunden kommunizieren – nicht nur auf dem visuellen und dem auditiven, sondern möglichst auf allen fünf Sinnen.

> **Learning by doing**
> - Welche Punkte sind Ihnen bei den Themen Informationsflut und das neue Gehirn aufgefallen?
> - Worauf wollen Sie deshalb im Verkauf achten?
> - Was verstehen Sie unter der »Emotionalisierung des Kaufprozesses«?
> - Sehen Sie auch für Ihr privates Leben Erkenntnisse?

5 Die Funktionsweise des menschlichen Gehirns

Wer die Funktionsweise des menschlichen Gehirns begreift, hat nicht nur den Vorteil, sich selbst besser zu verstehen, sondern er kann natürlich auch seine Kommunikation gehirngerechter gestalten, um schneller verstanden zu werden beziehungsweise andere Menschen zu überzeugen. Seit Mitte der 1990er-Jahre spricht die Welt vom Zeitalter des Gehirns. Die Forschungsergebnisse nehmen durch die moderne Kernspintomografie rasant zu. Einer der führenden deutschen Forscher war und ist Frederic Vester mit seinem Buch »Denken, Lernen, Vergessen«. Auch er hat schon in der ersten Auflage seines Buches auf das haptische Lernen hingewiesen.

5.1 Das Assoziationsverhalten

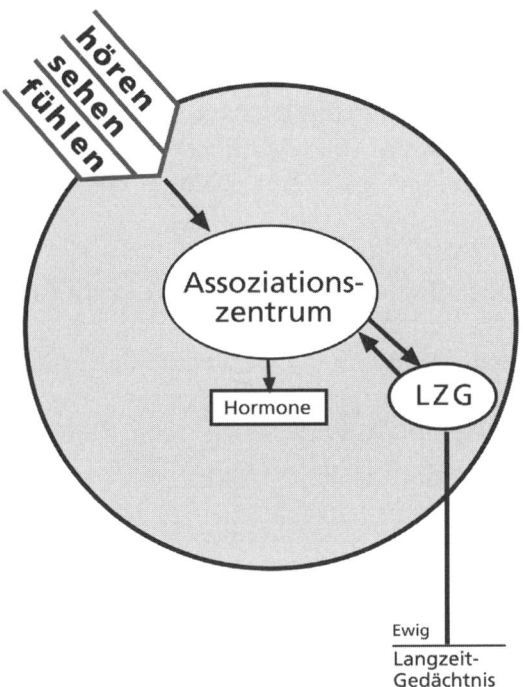

Abbildung 10: Assoziationsverhalten

Diese vereinfachte Skizze zeigt das Assoziationsverhalten des menschlichen Gehirns. Alle Informationen kommen über die drei Eingangskanäle – hören, sehen, fühlen – ins Assoziationszentrum. Das Assoziationszentrum fragt dann im Langzeitgedächtnis (LZG): »Was weißt du darüber schon?« Durch diesen Dialog zwischen Assoziationszentrum und Langzeitgedächtnis steuert das Gehirn über Hormone, ob die Information interessant genug ist, aufgenommen zu werden, oder nicht. Bei genügend Interesse werden die Informationen aufgenommen, bei negativen, unangenehmen oder nicht genug interessanten Gedankenassoziationen funktioniert das Gehirn als Filter. Die Information wird ins Vergessen geschickt.

Welche elementare Bedeutung dem Assoziationsverhalten bei der Meinungsbildung zukommt, zeigt ein Beispiel ganz besonders.

Nehmen Sie bitte Ihren Block und schreiben Sie so schnell wie möglich neben die folgenden Begriffe immer den ersten Gedanken auf, der Ihnen spontan dazu einfällt.

Benennen Sie bitte:

- irgendein Werkzeug: _____
- irgendein Musikinstrument: _____
- irgendeine Farbe: _____
- irgendeine Blume: _____

Haben Sie, wie die meisten Menschen, Hammer, Geige, Rot und Rose aufgeschrieben? Verblüffend, diese Übereinstimmung – oder? Nein. Dieses kleine Beispiel zeigt nur sehr deutlich, wie das menschliche Assoziationsverhalten funktioniert. Ja, es ist so simpel wie ein Karteischrank mit Akten.

- Akte Werkzeug: oft zuerst Hammer oder auch Zange, Schraubenzieher et cetera
- Akte Musikinstrument: oft zuerst Geige oder auch Klavier, Trompete et cetera
- Akte Farbe: oft zuerst Rot oder auch Grün, Blau, Gelb et cetera
- Akte Blume: oft zuerst Rose oder auch Tulpe, Nelke et cetera

Learning by doing
Schreiben Sie bitte die Spontan-Assoziationen Ihrer Kunden auf, wenn Sie
- Ihr Produkt erwähnen,
- über Ihr Unternehmen sprechen,
- über Ihre Branche sprechen.

Wie sind die Assoziationen: positiv, sehr interessant, wenig interessant, negativ? Wenn die Assoziationen nicht ausreichend interessant sind oder gar negativ, dann schaltet das Gehirn sofort auf »Nein«. Die Folge ist, dass die Informationen des Verkäufers zu diesen Themen gefiltert werden, und die kaufentscheidenden Informationen nicht ins Langzeitgedächtnis gelangen.

5.2 Die Entscheidungszentrale

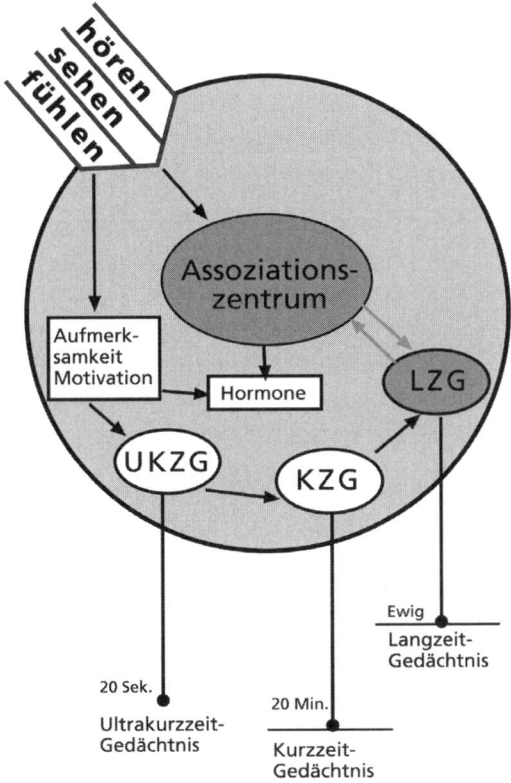

Abbildung 11: Entscheidungszentrale

Der Dialog zwischen Assoziationszentrum und Langzeitgedächtnis ist nicht nur entscheidend dafür, ob die neuen Informationen aufgenommen werden. Dieser Dialog ist auch die Entscheidungszentrale des Menschen, denn nur die Informationen, die in das Langzeitgedächtnis gelangen, sind für Entscheidungen von Bedeutung. Nur wenn durch Neugier und Interesse die Voraussetzung geschaffen wurde, dass neue und bessere Informationen im Langzeitgedächtnis gespeichert werden, kann am Ende eines Verkaufsgesprächs eine positive Kaufentscheidung getroffen werden.

Denn ganz zum Schluss muss der Kunde sich die Frage stellen: Will ich oder will ich nicht? Und dann geht das Assoziationszentrum zum Langzeitgedächtnis und fragt an; das Langzeitgedächtnis zieht wieder die Akte (Produkt XY), und wenn keine neuen kaufauslösenden Informationen in der Akte sind, dann bleibt es beim »Nein« beziehungsweise beim »Noch nicht«.

> **Erkenntnis**
>
> Die Aufgabe des Verkäufers ist, kaufauslösende Informationen in das Langzeitgedächtnis des Kunden zu bringen.

5.3 Die drei Gedächtnisse

- Das Ultrakurzzeitgedächtnis hält die Informationen maximal 20 Sekunden bioelektrisch fest. Beispiel: Sie vergessen jede Telefonnummer, von der Sie wissen, dass Sie diese nur einmal wählen wollen.
- Das Kurzzeitgedächtnis nennen viele auch das Arbeitsgedächtnis. Es behält Informationen maximal 20 Minuten, hat aber einen begrenzten Speicher. Hier kommen alle Informationen rein, die durch das Assoziationsverhalten weder interessant genug waren, direkt ins Langzeitgedächtnis zu kommen, noch uninteressant genug waren, direkt ins Vergessen geschickt zu werden. Das Kurzzeitgedächtnis dient als Zwischenstation auf dem Weg zum Langzeitgedächtnis oder ins Vergessen. Kleine wichtige Zwischeninformation für Verkäufer: Wenn Ihnen in Zukunft ein Kunde eine Frage stellt, die Sie schon einmal beantwortet haben, dann denken Sie bitte nicht, Ihr Kunde wäre nicht schlau genug, sondern denken Sie daran, dass wahrscheinlich sein Kurzzeitgedächtnis überfrachtet ist und er keine weiteren Informationen mehr darin unterbringen kann. Das Beste, was Sie jetzt tun können: nichts Neues mehr bringen, im Gespräch zurückgehen und noch einmal alle Punkte ansprechen und abhaken – Richtung Vergessen oder Langzeitgedächtnis.
- Im Langzeitgedächtnis bleiben Informationen ewig erhalten. Sie werden nicht bioelektrisch, sondern biochemisch verankert. Die hier einmal angekommenen Informationen können sich noch durch neue Verknüpfungen verändern, bleiben aber auf jeden Fall gespeichert. Beispiel: das Altersgedächtnis. Haben Sie auch schon mal erlebt, dass ein sehr alter Mensch Ihnen von seinem dritten Lebensjahr erzählte und Sie sich wunderten, wie er sich so gut daran erinnern kann?

Sie können sich die Arbeitsweise des menschlichen Gehirns wahrscheinlich noch besser merken, wenn Sie die Funktionsweise des Computers kennen. Der kleinste Speicher beim Computer ist der Cache, er funktioniert auch elektrisch und hält die Information nur ganz kurz fest zur direkten Verarbeitung. Cache ist gleich Ultrakurzzeitgedächtnis. Der mittlere Speicher ist der Arbeitsspeicher, auch RAM genannt. Er funktioniert auch elektrisch und hält die Informationen länger fest, sein Speicher ist jedoch begrenzt. Wenn man ihm zu viel zu tun gibt, wird er langsamer, im schlimmsten Fall stürzt der Computer ab. (Das kann bei Kunden auch schon mal passieren, wenn das Kurzzeitgedächtnis überladen wird.) Dann die Festplatte, sie speichert die Informationen nicht elektrisch, sondern physisch. Das ist genauso wie beim menschlichen Langzeitgedächtnis: Was da einmal gespeichert wird, bleibt erhalten, vielleicht nicht immer direkt erinnerlich, aber es bleibt vorhanden, vorausgesetzt es treten keine schweren Verletzungen oder Krankheiten auf.

Learning by doing
- Was passiert im Gehirn bei negativen Assoziationen?
- Wie können Sie das Gehirn des Kunden neugierig machen?

6 Die linke und rechte Hirnhälfte

Das menschliche Gehirn hat zwei Hälften.

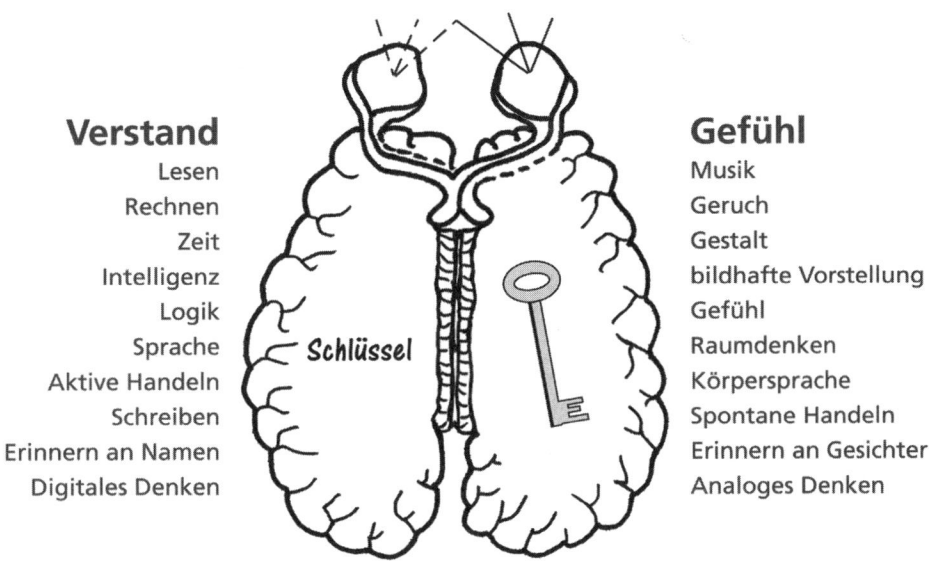

Abbildung 12: Gehirnhälften

Hier ein Beispiel zur Funktionsweise dieser beiden Hälften: Konzentrieren Sie sich, die nun folgende Geschichte zu behalten.

> Zweibein sitzt auf Dreibein und isst Einbein. Da kommt Vierbein und schnappt nach Zweibein und nimmt Einbein. Da nimmt Zweibein Dreibein, schlägt nach Vierbein und nimmt sich Einbein zurück.
> Können Sie die Geschichte wiederholen? Nein? Wollen Sie den Text noch mal lesen? Besser? Wahrscheinlich fällt es Ihnen immer noch nicht leicht. Den meisten Menschen ist es unmöglich, diesen Zusammenhang von Unbekanntem nachzuvollziehen.

Sie lernen diesen Zusammenhang ganz schnell, leicht und einfach, wenn Ihr Gehirn sich neben den Worten gleichzeitig eine bildhafte Vorstellung machen kann. Stellen Sie sich die Geschichte einfach bildhaft vor. Der ganze Trick ist, die Beine zu zählen von denen, die gerade in der Vorstellung zu sehen sind.

Wie schnell haben Sie jetzt die Geschichte gelernt? Nun haben Sie die Geschichte für immer im Gedächtnis. Sie brauchen, um sich daran zu erinnern, nur vor Ihrem geistigen Auge die Bilder nacheinander abzurufen und die Beine zu zählen.

Ein weiteres verbales Beispiel, jedoch nur zum Lesen geeignet

Ist es dnen die Mgölihceikt?
Gmäeß eneir Sutide eneir elgnihcsen Uvinisterät, ist es nchit witihcg, in wlecehr Rneflogheie die Bstachuebn in eneim Wrot snid, das ezniige was wcthiig ist, ist dass der estre und der leztte Bstabchue an der ritihcegn Pstoiion snid. Der Rset knan ein ttoaelr Bsinöldn sien, tedztorm knan man ihn onhe Pemoblre lseen. Das ist so, wiel wir ncihit jeedn Bstachuebn enezlin leesn, snderon das Wrot als gseatems. Ehct ksras!
Dass Sie diesen Text lesen können, ist auch die Kunst der rechten Gehirnhälfte. Die linke liest digital logisch, die rechte erkennt aber gleichzeitig das Buchstabenbild als Wort insgesamt, und so klappt das dann doch.
Lesen Sie mal bitte die folgenden drei Wörter, dann wird es noch klarer.

- Morgenstern
- Abendstern
- Zwergelstern

Die Lösung finden Sie nach dem Schlusswort, wenn Sie es nicht gleich rausbekommen.

Erkenntnis

Bilder sind ein wichtiger Faktor in der Kommunikation, damit sich der Empfänger etwas vorstellen kann.

Noch eine kleine Übung

- Bitte machen Sie es nur in Ihrer Fantasie, sonst klappt es nicht. Sagen Sie die ersten fünf Worte des »Vater unser« auf. (Vater unser im Himmel, geheiligt)
- Bitte gehen Sie in Ihrer Fantasie zum Beispiel in Ihr Wohnzimmer und zählen Sie fünf markante Gegenstände im Uhrzeigersinn auf, also von links nach rechts (zum Beispiel Schrank, Sessel, Sideboard, Fernseher, Couch).
- Gut – und nun (bitte nur in Ihrer Fantasie) decken Sie den Text des »Vater unser« ab und sagen die ersten fünf Worte des »Vater unser« rückwärts. Achten Sie darauf, wie es Ihnen gelingt und wie Sie es mit Ihren Gedanken machen.
- Und nun gehen Sie bitte (in Ihrer Fantasie) wieder in Ihr Wohnzimmer und zählen die fünf markanten Gegenstände gegen den Uhrzeigersinn, also von rechts nach links auf. Achten Sie darauf, wie Ihnen das gelingt und wie Sie es mit Ihren Gedanken machen.

Haben Sie den Unterschied bemerkt? Die linke Hirnhälfte ist nun mal digital logisch und kann nur eins nach dem anderen merken. Die rechte Hirnhälfte sieht das Ganze und kann beliebige Stellen abrufen und erinnern.

Noch ein Beispiel

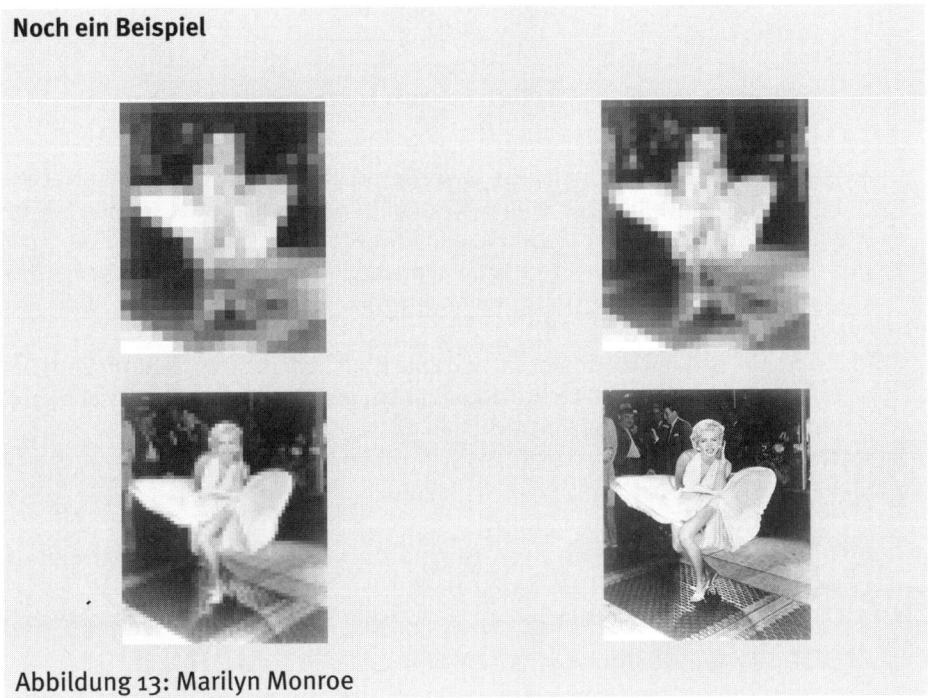

Abbildung 13: Marilyn Monroe

Wann haben Sie Marilyn Monroe erkannt? Wahrscheinlich schon relativ früh, das ist auch die Kunst der rechten Gehirnhälfte. Vielleicht kennen Sie die Situation, dass jemand sehr freundlich auf Sie zukommt, Sie sehen sein Gesicht, Sie erkennen Ihren Kunden, aber der Name, wo ist der Name? In der linken Gehirnhälfte. Das Gesicht ist in der rechten Gehirnhälfte und leider finden sich die beiden Informationen trotz des Verbindungsstegs Corpus Callosum nicht immer direkt zusammen.

Rechnen und Zahlen sind auch linke Gehirnhälfte. Was schätzen Sie, wie hoch eine Million druckfrischer 500-Euro-Scheine ist?

Nun, es sind ungefähr 20 Zentimeter.

Jetzt die nächste Frage: Was schätzen Sie, wie hoch eine Milliarde druckfrischer 500-Euro-Scheine ist? Es sind tatsächlich 200 Meter. Das ist 30 Meter höher als der Kölner Dom. Das ist der Unterschied zwischen einer Million und einer Milliarde.

Daraus ergeben sich zwei wichtige Erkenntnisse für alle, die mit Zahlen verkaufen.

Abbildung 14: Kölner Dom

- Große Zahlen kann sich kein normaler Mensch wirklich vorstellen, deshalb entsteht kein Erregungswert.
- Abstrakte Zahlen, wie Prozent-Angaben, Zins oder Zinseszins, sind für den Menschen auch nicht vorstellbar.
- Das heißt nicht, dass Zahlen nicht auch Emotionen auslösen können – denken Sie nur an Ihre Glückszahl. Aber es empfiehlt sich, bei Zahlen noch mehr als üblich auf die Kommunikation über alle fünf Sinne zu setzen.

Können Sie sich Folgendes vorstellen? Wenn jemand zu Zeiten der Geburt Jesu einen Cent zu 2 Prozent Zinsen angelegt hätte, besäße er heute ein Vermögen von 1.555.046.399.611.530,00 Euro, (in Worten 1 Billiarde 555 Billionen 46 Milliarden 399 Millionen 611 Tausend 530 Euro), das wären über 1,555 Millionen 500-Euro-Stapel in der Höhe von 200 Meter, das sind 248 Kilometer lang 500-Euro-Stapel an 500-Euro-Stapel in Höhe von 200 Meter. Das ist eine Strecke vom Kölner Dom bis Heidelberg. Also sprechen Sie mit Ihren Kunden immer in vorstellbaren Zahlen oder Vergleichen. Denn Zahlen wirken nicht genug ohne Vorstellungsbilder. Je mehr der Kunde sich vorstellen kann, desto schneller begreift er – und je schneller er begreift, desto schneller kauft er.

> **Vielleicht bei dieser Gelegenheit schon ein kurzes haptisches Beispiel:**
>
> Wenn ein Versicherungsverkäufer einem jungen Kunden einen größeren Auszahlungsbetrag zum 60. Geburtstag ausrechnet, zum Beispiel 243.829,00 Euro, dann hört der Kunde die Zahl, er weiß auch, dass die relativ groß ist, aber die Zahl wirkt nicht. Der Verkäufer könnte die Summe in Bilder umsetzen: ein Haus, fünf Mittelklasse-Fahrzeuge oder ein Koffer voller Geld. Und jetzt stellen Sie sich bitte einmal vor, ein Verkäufer kommt zu seinem Kunden mit einem Koffer, gefüllt mit 243.829,00 Euro. Er öffnet den Koffer beim Kunden und sagt: »Schauen Sie, das bekommen Sie ausbezahlt, das sind 243.829,00 Euro.« Was glauben Sie, wie der Kunde darauf reagiert? Manch ein Kunde will den Verkäufer vielleicht gar nicht mehr gehen lassen. Die Reaktion ist viel lebhafter durch das physische Vorhandensein des hohen Geldbetrages.

Der Fußballtrainer Christof Daum soll auf diese Weise auch mal die Spieler des 1. FC Köln motiviert haben. Er sagte den Spielern nicht, dass die Siegprämie 40.000 DM beträgt, sondern er heftete mit Reißzwecken 40 Tausender-DM-Scheine an die Innenseite der Kabinentür und sagte zu jedem Spieler beim Rausgehen, ehe er die Tür öffnete: »Das ist deine Prämie, willst du sie, guck sie dir an, fass sie an, kämpf dafür, wir wollen gewinnen.« Das war die große Vergangenheit – eine starke Zeit des 1. FC Köln, und auch von Daum.

Warum lernt der Mensch so einfach und schnell, wenn er sich bildhaft etwas vorstellen kann? Das hängt damit zusammen, dass sich die zwei Gehirnhälften die Aufgaben strikt teilen.

6.1 Gehirngerechtes Verkaufen

Das Wort gehirngerechtes Verkaufen zeigt schon den richtigen Weg. Gehirn-ge-rechtes Verkaufen geht über die rechte Gehirnhälfte. Die linke Gehirnhälfte, der Verstand, die Logik, bekommt in den meisten Verkaufsgesprächen sowieso eher zu viele Informationen, die rechte bekommt eher zu wenig bildhafte Vorstellungen und Gefühle. Sprechen Sie deshalb bildhafter, vorstellbarer, vermeiden Sie das Fachchinesisch und Abstraktionen. Verdeutlichen Sie schwierige Themen anhand von praktischen Beispielen oder Vergleichen.

Sprechen Sie also mit Ihren Kunden immer in vorstellbaren Zahlen oder Vergleichen. Denn je mehr der Kunde sich darunter vorstellen kann, desto schneller begreift er, und je schneller er begreift, desto schneller kauft er.

Der Mensch kann maximal aufnehmen und behalten:

- 10 Prozent von dem, was er liest
- 20 Prozent von dem, was er hört
- 30 Prozent von dem, was er sieht
- 45 Prozent von dem, was er hört und sieht
- aber 70 bis 90 Prozent von dem, was er fühlen und anfassen kann

6.2 Komplexe Sachverhalte verständlich darstellen

Nun soll aber nicht der Eindruck entstehen, Sie müssten sich nur bei der Verwendung von Zahlen anstrengen, eine gehirngerechte Lösung für Ihre Kunden zu finden. Was sagen Sie zum Beispiel dazu: »Das maximale Volumen subterrarer Agrarproduktivität steht im reziproken Verhältnis zur intellektuellen Kapazität ihrer Erzeuger.«

»Übersetzt« heißt das: Die dümmsten Bauern ernten die dicksten Kartoffeln!« – Gerade bei erklärungsbedürftigen Produkten sowie komplexen Nutzendarstellungen fällt es vielen Verkäufern schwer, dem Kunden Sachverhalte nachvollziehbar zu erläutern.

Sie sollten sich nicht darauf verlassen, dass Ihnen im Kundengespräch die richtigen Bilder einfallen – dazu bedarf es der Übung. Ihr Vorteil: Sie kennen Ihre Produkte natürlich gut und können sich in Ruhe überlegen, wie Sie die Vorteile und den Nutzen der komplexen Produkte mithilfe eines Bildes oder eines treffenden Vergleichs verdeutlichen. Überlegen Sie, welche Überschneidungen es zwischen den Aspekten Ihres Themas und der Vorstellungswelt des Kunden gibt. Ein Beispiel: Die Aussage eines Finanzberaters, der Kunde solle seine Anlagen möglichst breit streuen, veranschaulicht der Berater dann so: »Stellen Sie sich vor, Sie hätten drei Berufsausbildungen in verschiedenen Bereichen. Würde sich dadurch nicht die Wahrscheinlichkeit erhöhen, dass Sie in einem der Bereiche einen sicheren Job finden?«

Komplexe Sachverhalte, sachlich und nüchtern dargeboten, sprechen nicht das Herz des Kunden an und bleiben daher unverständlich. Erfolg hat, wer seine Erläuterungen mit einem »Lebensbild« verbindet. Nehmen wir als Beispiel wieder den Finanzbereich, und zwar den Hedge-Fonds – sicherlich eine nur schwer zu erklärende Anlageform. Allerdings: »Hedging« entstand bereits im 17. Jahrhundert, als Reisbauern in Japan mittels Kreditnote lange vor Einbringung der Ernte ein bestimmtes Preisniveau absichern konnten. Wer die Erläuterung des Hedge-Fonds an diese Geschichte knüpft, kann dem Kunden bildhaft und anhand eines authentischen Beispiels erklären, dass ein Hedge-Fonds das Ziel verfolgt, eine positive Rendite unabhängig von der Entwicklung der Kapitalmärkte zu erreichen.

Lassen Sie überdies verwirrende Details bei der Erläuterung komplexer Sachverhalte weg. Dabei sollten Sie Aussagen und Informationen selbstverständlich nicht unzulässig verkürzen. Indem Sie sich auf die Kernbotschaft konzentrieren, die Sie dem Kunden auf jeden Fall nahebringen möchten, und Komplexität reduzieren, vermeiden Sie es, den Kunden durch überflüssige Nebenaspekte zu irritieren. Bei der Erläuterung der Kernbotschaft sollten Sie:

- Fremdwörter und Fachsprache vermeiden – auch das Komplizierte lässt sich einfach sagen,
- sich der Lebens- und Sprachwelt des Kunden angleichen,
- induktiv vorgehen: erst ein konkretes Beispiel nennen, dann zur Hauptaussage vorstoßen,
- wo immer möglich (vorbereitete) Grafiken, Abbildungen oder Mind Maps einsetzen; etwa wenn Zahlen in Bilder (Diagramme) verwandelt werden können,
- während der verbalen Darstellung erläuternde Skizzen und Zeichnungen anfertigen und eben
- Zahlen oder Größenangaben veranschaulichen.

> **Und wieder ein kurzes haptisches Beispiel: Das haptische Viskosimeter**
>
> Stellen Sie sich vor, Sie müssten jemandem »Viskosität« erklären. Es könnte sein, dass Ihnen das gar nicht so leichtfällt. Es könnte sein, dass es, egal wie schön Sie es erklären, vom Zuhörer leider doch nicht richtig verstanden wird, geschweige denn richtig begriffen, also körperlich erfahren wird.
>
> Nun – Viskosität ist ein Maß für die Zähflüssigkeit einer Substanz. Der Wert der Viskosität ist die Fluidität, ein Maß für die Fließfähigkeit der Substanz. Je größer die Viskosität, desto dickflüssiger (weniger fließfähig) ist die Substanz; je niedriger die Viskosität, desto dünnflüssiger (fließfähiger) ist diese. Verstanden? Wahrscheinlich schon, und doch noch nicht begriffen, oder?
>
> ARAL hat ein haptisches Viskosimeter bei sehr vielen Fachwerkstätten auf dem Tisch stehen, damit die Kunden »Viskosität« plastisch einfach verstehen und begreifen können. Es handelt sich dabei um zwei Eisenkugeln in zwei Acrylröhren. In den beiden Acrylröhren ist jeweils ein Motorenöl. Zum Beispiel SuperTronic 0W-40 und Mineralöl 15W-40. Die beiden Röhren sind natürlich dicht verschlossen, und oben und unten ist ein Podest, ebenfalls aus Acryl. Jeder neugierige Mensch nimmt fast wie von selbst diese »doppelte Sanduhr«, schaut sich das »Ding« an und dreht es auf den Kopf. Nun ist zu beobachten, dass beide Eisenkugeln sich in den ölgefüllten Acrylröhren wegen der Schwerkraft senken, die eine schneller, die andere langsamer, eben wegen der Fließfähigkeit, wegen der Viskosität.

 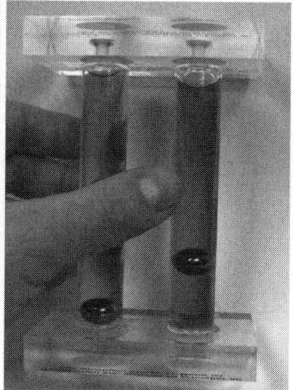 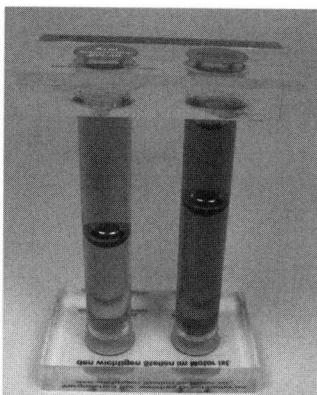

Abbildung 15: Viskosimeter

Fast jeder, der dieses Experiment einmal gemacht hat, macht es, wenn die Zeit es zulässt, noch mal und noch mal – und vielleicht noch mal, obwohl er gar keinen Bedarf mehr daran hat, aber es bietet sich halt an. Ganz nebenbei hat er be-griffen, dass ein fließfähigeres Öl schneller überall hinkommt, also den Motor besser schützt. Dann kann er auch auf die Idee kommen, dass der Motor mit dem leichtflüssigeren Öl weniger Energie verbraucht und sich so der Kauf des teureren Öls lohnen kann.

Learning by doing

- Denken Sie darüber nach, wie Sie sachliche Argumente durch bildhafte Beispiele plastisch machen können.
- Welche Möglichkeiten haben Sie, die verschiedenen Lernkanäle parallel zu bedienen?

7 Der Mensch – das haptische Wesen

Warum behält der Mensch 70 bis 90 Prozent von dem, was er fühlen oder anfassen kann?

- Weil der Mensch bei plastischen Dingen eine bildhafte Information bekommt, die er viel einfacher im Gedächtnis behält. Beide Gehirnhälften erhalten Informationen, dadurch wird die Leistungsfähigkeit des Gehirns wesentlich besser genutzt.
- Weil besonders das Anfassen, die körperliche Erfahrung, also das haptische Lernen, für jeden neuen Stoff eine Verpackung, eine Assoziationsverknüpfung bietet – den eigenen Körper. (Frederic Vester)
- Weil der dritte Kanal, der Tastsinn, der Sinn aller Sinne ist. Mit der Haut sprechen wir, lange bevor wir ein Wort sagen können. Der Tastsinn wurde in den letzten Jahrzehnten mehr und mehr vernachlässigt. Der Mensch hat sich vom körperlich arbeitenden zum geistig arbeitenden Menschen entwickelt, und viele wurden sehr einseitig zu Kopfmenschen.

7.1 Die Haut

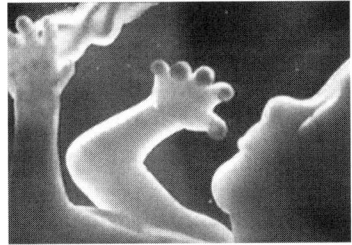

Abbildung 16: Embryo

Das Kontaktorgan für den Tastsinn ist die Haut. Sie ist das größte Sinnesorgan des Menschen und wiegt über zehn Kilogramm. Zugleich ist die Haut unter anderem das größte Kommunikationsorgan. Die Haut entsteht in der frühen embryonalen Entwicklung des Menschen aus derselben Zellschicht wie das Zentralnervensystem. Beide, Haut und Gehirn, haben also einen direkten »Draht« zueinander, beide sind Sender und Empfänger für Informationen, Emotionen und Gefühle zugleich.

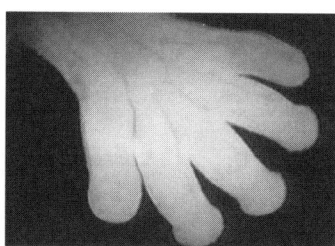

Abbildung 17: Hand eines Embryos

Die Haut ist also nicht nur Kommunikationsmittel, sondern auch der direkte Weg zur Psyche. Die Haut ist die Verbindung von Innenwelt und Außenwelt, eine Art nach außen gewendetes Gehirn. Ein acht Wochen alter Embryo besitzt schon Rezeptoren für haptische, also fühlbare Reize. Der Mensch ist ohne Kontakt, ohne Berührungen und Tastsinn nicht lebensfähig. An allem, was der Mensch fühlt und erlebt, ist die Haut beteiligt. Auf den Fingerspitzen befinden sich zum Beispiel 2.000 Rezeptoren pro Quadratzentimeter. Das ist mehr als auf Lippe und Zunge.

Abbildung 18: Happy Baby

Kinder sind der beste Beweis dafür, dass der Mensch durch seinen Körper lernt. Neugeborene haben zuerst zwei Reflexe: den Greif- und den Saugreflex.

So lernen Kinder, wenn sie größer werden:

- Kinder fassen alles an.
- Sie nehmen alles in den Mund.

- Sie riechen an allem.
- Sie nehmen alles Mögliche auseinander.
- Manchmal bauen sie auch etwas zusammen.
- Sie können keine fünf Minuten still sitzen.

Dass der Mensch, nicht nur Kinder, bewegungs-erlebnis-orientiert ist, zeigen folgende Bilder.

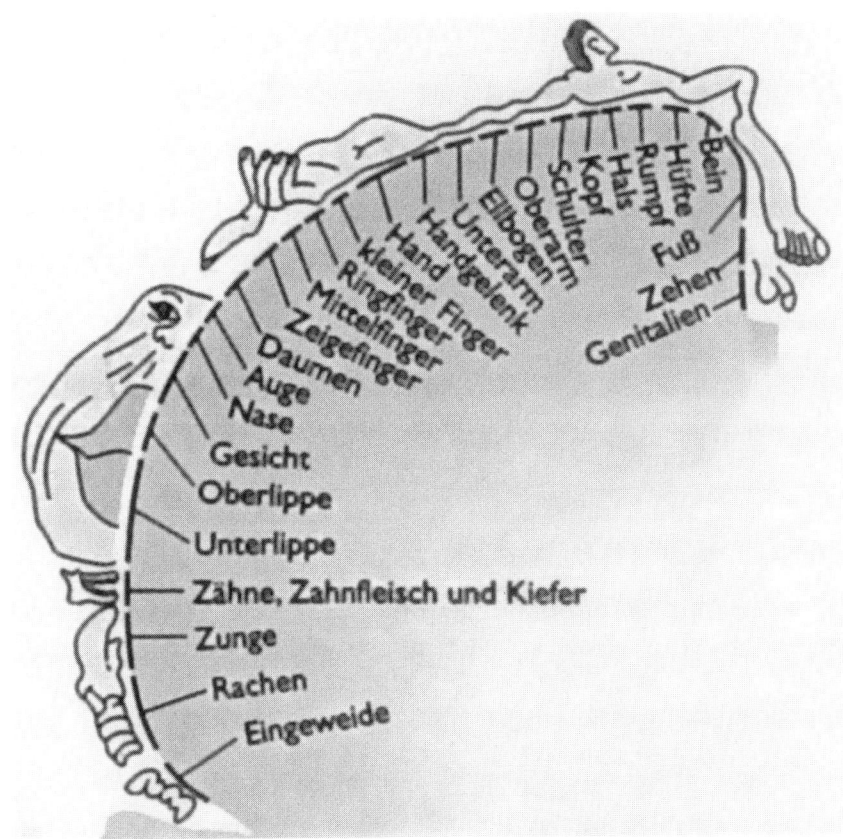

Abbildung 19: Hand – Eingeweide – Genitalien

Der Körper ist im Kopf anders angeordnet. Dabei ist deutlich zu sehen: Das Organ Hand braucht den größten Teil des Gehirns. Die Hand ist mit Abstand das größte Organ im Kopf.

Auch der Penfield-Homunkulus zeigt, wie wir aussähen, wenn unsere Körperteile so proportioniert wären, wie unser Gehirn Masse braucht.

Informationen werden nicht nur am besten durch Bewegung, Fühlen und Anfassen verarbeitet, nein, Sie müssen sogar über die körperliche Erfah-

Abbildung 20: Homunkulus

rung verfügen, um die Informationen zu be-greifen. Moshé Feldenkrais hat einmal gesagt: »Wie kann denn der Mensch einem Gedanken Richtigkeit verleihen, wenn er nicht über die körperliche Erfahrung verfügt?«

Denken Sie an kleine Kinder. Die lieben Kinder sind magisch angezogen von Kerzenlicht, Wunderkerzen, Backofen, Herdplatten, Bügeleisen, Steckdosen und allem, was sonst noch gefährlich ist. Nehmen Sie mal als Beispiel das Bügeleisen. Die liebe Mami ist am Bügeln, und das kleine Kind zeigt sehr deutlich sein Interesse. Wie reagieren die meisten liebenden Mütter? Sie erklären ihrem Kind mit besorgten Worten: »Fass das nicht an, das ist heiß, du tust dir weh!« Sie wissen schon, was jetzt kommt, das Kind ist damit nicht zufrieden. Weil es seine Neugier nicht ausreichend befriedigen kann, wird es genau auf den Moment warten, wo die Mami mal gerade nicht aufpasst, und das Bügeleisen anfassen. Auweia, das tut weh, aber jetzt erst – informiert von der körperlichen Erfahrung – weiß das Kind, was mit dem Wort heiß verbunden ist. Die Information hat sich wirklich »eingebrannt«.

Was würde die haptische Mami machen? Das Kind zeigt seine Neugier, die Mutter nimmt diese Neugier wahr. Sie dreht die Temperatur auf Seide und erklärt dem Kind das eine oder andere, um Assoziationen zu schaffen. Dann gibt die Mutter dem Kind die Möglichkeit, die Hand in die Nähe des Bügeleisens zu bringen, um in aller Ruhe vorsichtig zu fühlen, was heiß ist. So braucht das Kind sich im günstigsten Fall gar keine Brandblasen oder Verbrennungen zu holen, um an die zwingend erforderliche Körpererfahrung zu kommen, was heiß ist.

7.2 Die Weisheit der Sprache

Die Weisheit der Sprache drückt aus, was die Wissenschaft bestätigt hat oder wahrscheinlich noch herausfinden wird. Denken Sie an viele verschiedene Worte, Begriffe und Redensarten, wie zum Beispiel:

> am eigenen Leibe erfahren; etwas annehmen; eine Auffassung teilen; aufgewühlt sein; ein Thema aufgreifen oder auslassen; einen Punkt überspringen, tief beeindruckt sein; begreifen; berührt; bestürzt; tief bewegt; Bezug nehmen; da kriegt man eine Gänsehaut; das geht einem unter die Haut; das hat gesessen; das hat Hand und Fuß; das haut einen um; das nimmt mir die Luft; das pack ich nicht; das reißt einen vom Hocker; die Fassung verlieren; sich etwas einhämmern; einprägen; erfassen; ergriffen; erschüttert; fallen lassen; fassungslos; gerührt; handfeste Argumente; loslassen; unfassbar; verstehen; von der Hand weisen; zusammenfassen; zusammenziehen; siedend heiß einfallen; Schreck fährt in die Glieder; sich hingezogen oder mitgerissen fühlen ...

Diese Begriffe zeigen deutlich, dass Wissensverarbeitung ein körperlicher Vorgang ist. Am leichtesten lässt es sich am Begriff »ver-stehen« erklären. Zunächst ist es wichtig, den Vorgang Stehen richtig zu beschreiben. Stehen ist nicht statisch, der Mensch steht nicht so wie eine Säule, sondern in Wirklichkeit ist Stehen ein Vorgang. Stehen ist ein ständiger Balanceakt, der Mensch wehrt sich mit feinen Bewegungen andauernd gegen das Umfallen. Verstehen ist ein Ausbalancieren der Information, dies lässt sich heute durch Druckmessplatten deutlich nachweisen. Deshalb sagt der Volksmund zu den Informationen, die zu schlimm, zu schockierend sind, die der Mensch eben nicht mehr verstehen kann: »Das haut einen um«, »Das nimmt mir die Luft«, »Da muss ich mich erst mal setzen«, »Das wirft mich um«. Der Mensch ist ein kinästhetisches Wesen.

Learning by doing

- Welche Informationen können Sie den Kunden haptisch vermitteln?
- Haben Sie die Möglichkeit, ein besonderes Erlebnis haptisch zu machen?

8 Vom Fühlen zum Gefühl

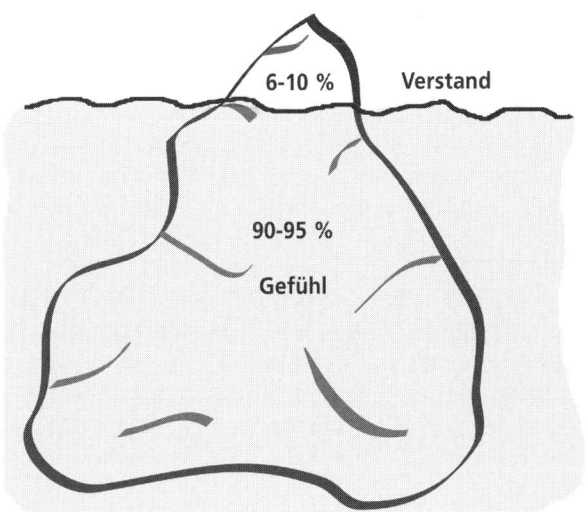

Abbildung 21: Eisberg

Fühlen und Gefühl sind untrennbar und wirken sofort aufeinander. Der Mensch entscheidet zu 90 Prozent unterbewusst, aus dem Gefühl. Aufgrund der Erkenntnisse der Neurobiologie – ich erwähnte es bereits – vermuten manche, es sei noch mehr. Der berühmte Eisbergvergleich hilft hier als Vorstellungsbild. Und die folgende Geschichte bestätigt das Verhältnis:

> Die Geschichte erzählt von einem blinden Bettler. Und dieser blinde Bettler hat seinen Stammplatz in Paris, direkt schräg gegenüber von Notre-Dame. Dort sitzt er und wartet darauf, dass die Menschen ihm Geld in seinen Hut werfen. Es ist der erste richtig schöne Frühlingstag in Paris, viele Menschen gehen an der Seine spazieren, und der blinde Bettler freut sich, denn für ihn ist klar: Wenn viele Menschen an einem so wunderschönen Tag spazieren gehen, dann bekommt er auch ganz viel in seinen Hut.

> Er setzt sich an seinen Stammplatz, um zu betteln, und am Ende des Tages zählt er zusammen und stellt enttäuscht fest, dass er nur ein paar Cent zusammenbekommen hat, die gerade für die Herberge für Clochards reichen. Er geht zu dieser Herberge und besorgt sich dort sein Quartier. Als er die Türen öffnet, sind die Puppen am Tanzen. Da ist etwas los, und er hört die anderen, wie sie rufen: »Komm rein, der Jack hat einen ausgegeben, Baguette, Wein, Käse; komm, iss mit, trink mit, feiere mit!« Er geht rein, isst ein bisschen, trinkt ein wenig, aber ihm brennt eine Frage auf den Nägeln, weil er weiß, der Jack ist auch ein blinder Bettler.
> Er sucht also den Weg zu Jack, findet ihn, und dann fragt er ihn: »Sag mal, wo hast du denn das ganze Geld her, hier alle Leute freizuhalten? Hast du eine Erbschaft gemacht oder im Lotto gewonnen? Oder was ist los?« »Nein«, sagt Jack, »heute war ein super Tag, ich habe so viel Geld verdient, wie niemals zuvor.« Er sagt: »Hm, bei mir ist es ganz schlecht gelaufen, und ich habe nur ganz wenig bekommen.« Da fragt ihn Jack: »Was hast du denn gemacht?« »Ich habe an der Seine gesessen, schräg gegenüber von Notre-Dame, wo ich immer sitze.« »Nun«, sagt Jack, »ich habe auch an der Seine gesessen, ein ganzes Stück weiter. Das kann kein Unterschied sein. Was hast du denn noch gemacht?« Er: »Ich sitze so im Schneidersitz auf der Erde und hab den Hut mit der Öffnung nach oben vor mir, damit die Leute da was reinschmeißen können.« Daraufhin Jack: »Das habe ich ganz genauso gemacht. Das kann kein Unterschied sein. Was hast du denn noch gemacht?« »Ich habe ein Schild um den Hals!« »Ein Schild um den Hals habe ich auch! Was hast denn du da draufstehen?«, fragt Jack. »Auf meinem Schild steht drauf: Ich bin blind!«
> Darauf sagt Jack: »Jetzt ist mir klar, wo der Unterschied liegt. Auf meinem Schild steht: Es ist ein wunderschöner Frühlingstag in Paris, nur leider kann ich ihn nicht sehen!«

Der Mensch entscheidet zu einem Großteil aus dem Gefühl heraus. Das Gefühl bewegt ihn, nicht der Verstand. Wer also Menschen zum Kauf bewegen will, der muss die Menschen auf der Gefühlsebene ansprechen, sie emotional berühren, sie emotional bewegen.

Stellen Sie sich einmal vor, Sie kommen in ein Bekleidungsgeschäft, die Verkäuferin sagt zu Ihnen (auditiver Informationskanal): »Wir haben nur Anzüge in der feinsten Stoffqualität.« Wie können Sie auf diese Aussage reagieren? Sie können diese Information glauben oder nicht glauben, Sie werden jedoch schon spüren, dass Ihnen diese auditive Information alleine auf keinen Fall genügt. Sie wollen mehr Informationskanäle erleben.

Nun kommt die Verkäuferin und zeigt (visueller Informationskanal) Ihnen einen Anzug mit der besten Qualität. Wie reagieren Sie jetzt? Wiederum können Sie die gesehene Information glauben oder auch nicht glauben. Ihr innerliches Bestreben geht spätestens jetzt dahin, dass Sie diesen Anzug anfassen, berühren und selbst fühlen möchten. Endlich gibt Ihnen die Verkäuferin den Anzug in die Hände, 2.000 Rezeptoren pro Quadratzentimeter nehmen nun in Bruchteilen von Sekunden alle Informationen über den Stoff auf. Wie sieht es jetzt aus? Was ist jetzt mit glauben oder nicht glauben? Nichts, stimmt es? Ihren eigenen gefühlten Informationen schenken Sie natürlich immer Glauben, egal, was andere dazu meinen. Was Sie anfassen, fühlen, riechen und schmecken, ist für Sie genauso, wie es ist, und nicht anders.

> **Erkenntnis**
> Gefühlte Informationen sind subjektiv immer wahr.

Egal, was jemand verkauft, es geht letztendlich darum, das zu verkaufende Produkt oder die Dienstleistung mit angenehmen Gefühlen zu verbinden. Zuallererst jedoch gilt es zu erkennen, dass der Kunde im ersten Moment nicht das Produkt kauft, sondern den oder die Verkäufer/in. Wenn der erste persönliche Eindruck nicht passt, dann wird es bestimmt nicht einfacher, ein noch so gutes Produkt zu verkaufen. Das Gefühl, von einem sympathischen und kompetenten Verkäufer zuvorkommend bedient zu werden, ist bestimmt einer der wichtigeren Faktoren für den erfolgreichen Verkauf.

Neuste Forschungen haben gezeigt, dass das menschliche Gehirn alle Informationen auf Emotionen untersucht, entsprechend filtert und die positiven in einer ganz anderen Hirnregion abspeichert als die negativen. Und diese »Polung« bestimmt dann auch die weitere Wahrnehmung und sogar die Erinnerung.

Ein Beispiel dafür: Glückliche Ehepaare wurden gefragt: »Wie beurteilen Sie Ihre Beziehung? Woran können Sie sich besonders erinnern? Welche Eigenschaften hat Ihr Partner?« Na, Sie ahnen natürlich, wie die Antworten lauten: Alles Friede, Freude, Eierkuchen ... Kein Wunder, nicht wahr?

Ein Jahr später wurden dieselben Paare wieder befragt – und jetzt kommt es: Die Paare, die mittlerweile getrennt waren, behaupteten jetzt ernsthaft, dass die Beziehung in Wirklichkeit immer schon eher schlecht und zum Scheitern verurteilt war. Sie hatten sich von den Positiv-Aussagen, die sie vor einem Jahr gemacht hatten, und den positiven Erinnerungen nahezu komplett verabschiedet.

Was können wir daraus für unsere Praxis lernen? Die große Kunst des Verkaufens besteht darin, den Kunden starke positive Emotionen zu vermitteln, natürlich ganz besonders beim ersten Eindruck. Solche Gefühle sind zum Beispiel Vertrauen, Kompetenz, Sympathie, Ehrlichkeit, angenehme Offenheit, menschliche Nähe, Einfühlungsvermögen, Anteilnahme.

Ein praktischer Tipp: Vermitteln Sie Ihrem Kunden ganz gezielt und konzentriert positive Emotionen, das klappt auch am Telefon und auch im Brief. Das kann auch ein guter Witz am Anfang oder kurz vor der Verabschiedung sein. Dann achten Sie mal darauf, was passiert, und achten Sie auch darauf, wie Sie sich dabei fühlen – Sie werden es gerne und immer öfter tun wollen. Und Ihre Kunden erinnern sich (fast) nur an Ihre guten Seiten – und an die positiven Aspekte Ihrer Produkte.

Ach, ehe ich es vergesse, das funktioniert auch im privaten Bereich.

Learning by doing
- Wie beurteilen Sie nun das Verhältnis zwischen Gefühl und Verstand?
- Was wollen Sie in Ihrem praktischen Verkauf deshalb anders machen?
- Was können Sie auch für Ihr Privatleben daraus lernen?

9 Haptisches Verkaufen – mit allen fünf Sinnen und von Mensch zu Mensch

Mit haptischem Verkaufen ist hier zunächst der Verkauf vor Ort mit dem Kunden am sogenannten POS gemeint, dem Point of Sale. Es geht in diesem Kapitel um den Umgang zwischen dem Kunden und Ihnen – und zwar auf einer Ebene, auf der Sie ihn weniger als Kunden sehen, dem Sie vor allem etwas verkaufen wollen, sondern als Menschen und gleichberechtigten Partner.

9.1 Die haptische Begrüßung: Sympathie wecken

Haptisch ist natürlich alles Körperliche, und dazu zählt ganz am Anfang, wenn zwei Menschen sich annähern, der richtige Abstand, die angenehme Nähe. Es geht um das Territorialverhalten. Jeder Mensch hat da so sein eigenes Maß. Aber zu wenig oder zu viel Abstand vermittelt ein negatives Gefühl. Die Körpersprache wird nur von den wenigsten Menschen rational erfasst, aber alle Menschen reagieren sofort mit Gefühlen, alle Menschen erleben die Körpersprache unbewusst.

Für den richtigen Abstand gibt es eine ganz einfache Regel. Eine Armlänge ist meistens die Grenze zwischen zu nah und zu distanziert, es geht also um 80 Zentimeter bis einen Meter. Gerade in diesem sensiblen Moment des ersten Eindrucks ist es wichtig, eine angenehme Nähe zu entwickeln. Diese Nähe ist sowohl körperlich als auch emotional zu verstehen. Erinnern Sie sich noch an das deutsche Wort für haptisch – bewegungs-erlebnis-orientiert. Schlüsselwort Nummer 1: Bewegung, Schlüsselwort Nummer 2: Erlebnis. Beides muss angenehme Gefühle erzeugen. Da gibt es zwei einfache, aber höchst erfolgreiche Regeln:

- Von der Konfrontation zum Schulterschluss: Der Verkäufer bleibt nicht in der Konfrontation, sondern er wendet sich seitlich zum Kunden und signalisiert dadurch Vertrautheit und dass beide in eine Richtung arbeiten.

- Das kleine Plus Augenkontakt. Das menschliche Bewusstsein hat eine innere Uhr. Diese Uhr scheint im Dreisekundentakt geschaltet zu sein. Das heißt, es dauert drei Sekunden, bis ein Körpersignal eine Wirkung erzielt. Oft ist der Moment der Begrüßung zur oberflächlichen Floskel verkommen. Es grenzt manchmal schon an Missachtung, denn seinem Gegenüber nicht genügend Be-Achtung zu schenken, ist der Anfang von Miss-Achtung oder Ver-Achtung. Jetzt zu einer wundersamen Lösung: Machen Sie die Begrüßung angenehmer, intensiver als bisher. Verlängern Sie diesen ersten Kontakt um zwei Sekunden auf mindestens drei bis fünf Sekunden insgesamt. Schenken Sie Ihrem Kunden dabei positive Gedanken: Ich freue mich, Sie zu sehen. Schön, dass Sie da sind. Gut, dass Sie zu mir kommen … Und wenn der Kunde in Augenkontakt bleibt, schauen Sie vorwiegend ins linke Auge, ins Gefühlsauge. 80 Prozent der Nervenbahnen der rechten Gehirnhälfte (Gefühl) gehen in die linke Körperhälfte (Gefühl/Herz) und 80 Prozent der Nervenbahnen der linken Gehirnhälfte (Verstand/Logik) gehen in die rechte Körperhälfte (Verstand). Das linke Auge hat einen stärkeren Draht zur rechten Gehirnhälfte. Probieren Sie es aus, es wirkt.

Learning by doing

Was ist für Sie ab jetzt bei der Begrüßung noch wichtiger als bisher?

Der Händedruck: Vertrauen aufbauen

Der nächste besondere Eindruck ist der Händedruck. Bieten Sie den Händedruck an, wann immer es in Ihrem Beruf die Möglichkeit gibt. Wenn die Verkäuferin beim Bäcker oder Metzger jedem Kunden die Hand gäbe, wäre das äußerst unhygienisch. Aber im Kaufhaus, wenn es um einen größeren Kauf geht, dann ist die persönliche Begrüßung mit Händedruck denkbar. Auch in der Gastronomie ist der Händedruck machbar; in den meisten italienischen Lokalen, die ich kenne, ist das so. Auch in Ämtern ist das möglich. Es gibt auf jeden Fall mehr Bedarf als Angebote. Nun, was können Sie mit dem Händedruck Gutes tun?

Mit dem Händedruck signalisiert der Kunde, wie er behandelt werden möchte. Es gibt vier klare Kriterien, auf die Sie achten sollten:

- Der Druck entscheidet:
  - Der sanfte Druck signalisiert: »Ich möchte ein unverbindliches Gespräch und nicht direkt zum Abschluss kommen.«

Abbildung 22: Händedruck

- Der harte Druck signalisiert: »Ich möchte harte Fakten und bin bereit, mich zu entscheiden, positiv wie auch negativ.«
- Der Schüttler: »Gib mir drei bis vier Fakten und ich kann mich schnell entscheiden.«

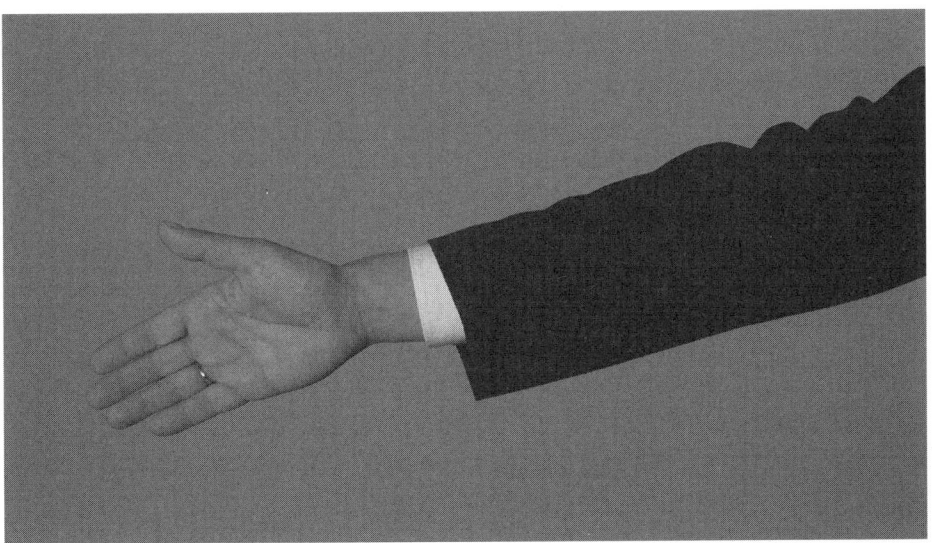

Abbildung 23: Händedruck mit ausgestreckter Hand

- Die Distanz, der Arm als Abstandsregulator:
  - Der Abstandhalter ist kaum zur Nähe bereit. Er möchte eher kühl und sachlich verhandeln und auch nicht zum Abschluss gedrängt werden.
  - Der Heranzieher möchte, ja, er braucht die Nähe, er ist gerne bereit, intime Details mitzuteilen, er möchte es auch insgesamt etwas emotionaler. »Echte Fründe stonn zosamme« (eins meiner Kölschen Lieblingslieder).

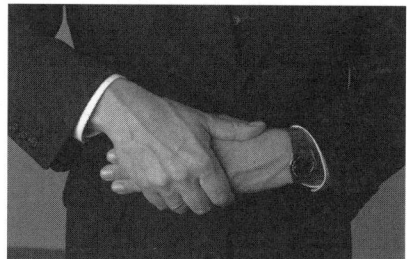
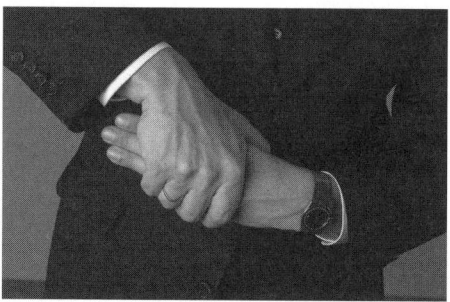

Abbildung 24: Händedruck – Drei Formen der Dominanz

- Die Dominanz, hierfür gibt es drei klare Zeichen:
  - Die Oberhand: Derjenige, der die Handinnenseite (empfindlich) nach unten und den Handrücken nach oben (wenig empfindlich) hält, will über den anderen bestimmen.
  - Der Daumen ist der Repräsentant des Ichs, des Egos. Wer mit dem Daumen Druck ausübt, möchte dem anderen seine Meinung aufdrücken, den anderen beeindrucken. Sein Geltungsbedürfnis ist groß.
  - Der Unterdrücker – er zwingt beim Händegeben den anderen fast in die Knie, indem er die Hand im Winkel nach unten drückt. Er will über dem anderen stehen, er will die Macht.

Die haptische Begrüßung: Sympathie wecken

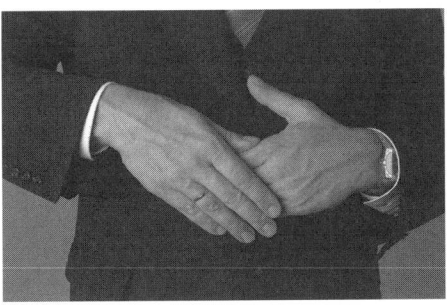 

Abbildung 25: Händedruck – Zwei Formen der Diskretion

- Die Diskretion wird mit zwei Gesten klar gezeigt:
  - Die hohle Hand: Die Handinnenfläche, die empfindliche Seite, kommt nicht in Kontakt mit der Handinnenfläche des anderen, dieser Mensch möchte sich emotional zurückhalten, er möchte nicht den vollen Kontakt.
  - Ein anderer gibt beim Händedruck nur die Finger in die Hand, der Daumen wird hierbei oft als Abstandhalter genutzt. Er will sich auf keinen Fall seinem Gegenüber in die Hand geben.

 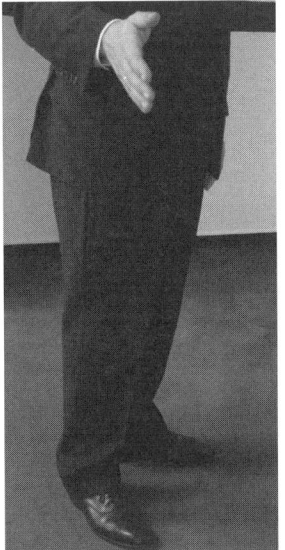

Abbildung 26: Händedruck – Zwei Standpunkte

Es gibt noch einen Punkt, auf den Sie achten können, falls er besonders auffällig ist, und zwar der Standpunkt im Moment der Begrüßung. Gibt der Kunde Ihnen die volle Breitseite, also stehen Sie sich von Angesicht zu

Angesicht gegenüber, signalisiert er Offenheit. Wenn er sich seitlich stellt, weicht er aus irgendwelchen Gründen der ganzen Begrüßung aus.

> **Learning by doing**
> - Wollen Sie in den nächsten Wochen auf den Händedruck ganz besonders achten?
> - Glauben Sie, dadurch Vorteile zu gewinnen, und wofür möchten Sie dieses Plus einsetzen?

Die Magie der Berührung

Schon die Geburt ist ein komplexer Berührungsakt. Ohne Berührung, ohne körperlichen Kontakt stirbt das Neugeborene. Das hat Kaiser Friedrich II. (1212-1250) herausgefunden. Seine verrückte Idee: Er wollte wissen, welche Sprache die Kinder hätten, wenn sie heranwachsen, ohne je mit irgendjemandem zu sprechen. Er befahl den Ammen, die Kinder zu säugen, sie zu baden und zu reinigen, aber ihnen niemals zu schmeicheln oder mit ihnen zu reden. Er wollte nämlich erfahren, ob sie die hebräische Sprache sprechen würden, welche angeblich die erste war, oder die griechische oder die lateinische oder die arabische, oder ob sie einfach die Sprache ihrer eigenen Eltern sprechen würden, von denen sie abstammten. Doch er bemühte sich vergebens, denn die Kinder starben alle. Denn sie konnten nicht ohne die Zuwendung ihrer Ammen leben.

Dies ist wohl ein sehr eindringliches Beispiel, dass der Mensch ohne Berührung überhaupt nicht erwachsen werden kann und natürlich auch im Erwachsenendasein die Berührung, den Kontakt nicht entbehren kann. Dieser körperliche Kontakt ist somit komplexer und vielsagender als all die Worte, die gesamte Sprache und Rhetorik.

Berührung als Machtspiel

Menschen entscheiden innerhalb von Sekunden, sobald sie zusammentreffen, die Rangordnung. Dieser Vorgang ist derart komplex, dass man ihn nur schlecht im Detail beschreiben kann. Wichtige Faktoren sind:

1. Das gesamtkörperliche Verhalten (Wie du kommst gegangen, so wirst du auch empfangen), zum Beispiel Eindrücke wie Stolz, Macht, Dominanz, Demut, Selbstwertgefühl, Arroganz und vieles mehr.
2. Der Augenkontakt: Wer guckt wen wie an – wohlwollend, stechend durchbohrend, angenehm, gütig.
3. Der Händedruck, wie zuvor beschrieben.

4. Der Standpunkt. Der Mensch hat verschiedene Distanzzonen. Das heißt, die körperliche Distanz hat immer eine grundlegende Bedeutung, welche Beziehung zwischen zwei Menschen besteht.
   - intim: näher als 50 Zentimeter
   - freundschaftlich: 50 Zentimeter bis ein Meter
   - gesellschaftlich: ein Meter bis drei Meter

Daraus entsteht das allen bekannte Fahrstuhlsyndrom. Die Menschen kommen sich im Aufzug zu nahe, deshalb vermeiden sie, soweit es geht, den direkten Augenkontakt. Übrigens – absichtliches Anfassen im Aufzug wäre ein echtes Erlebnis.

Jetzt zum Faktor Berühren. Gewollt und bewusst berühren und anfassen erlaubt sich in der Begegnung zweier Menschen immer nur der Ranghöhere. Er nimmt damit den anderen in Besitz. Er erlaubt sich, ohne zu fragen, »anzugreifen«, weil er sich sicher ist, dass er damit durchkommt. Dieses Machtritual kann sich der Verkäufer auch zunutze machen, indem er seinen Kunden anfasst. Aber Vorsicht, hier ist natürlich Feingefühl gefragt!

Zum einen muss der Verkäufer die soziale Rangordnung berücksichtigen, eine »sehr viel höher gestellte« Persönlichkeit kann er nur mit sehr viel Charme oder mit sehr viel situationsabhängiger Intelligenz berühren. Zum anderen gibt es einen großen Unterschied zwischen den Geschlechtern: Wenn eine Verkäuferin einem Mann zu viel Nähe und dann auch noch Berührung erlaubt, dann kann schon das zu leichten Missverständnissen führen, da der Sex mehr oder weniger unterschwellig immer eine Rolle spielt und der Mann leicht auf falsche Gedanken kommen könnte.

Trotzdem, die Berührung ist ein deutlicher Pluspunkt für den Verkäufer. Eine höfliche, dominante Führung ist förderlich, weil der Verkäufer sich als Fachmann auf seinem Gebiet behaupten soll.

> **Learning by doing**
> Ist das Machspiel Ihr Spiel, wollen Sie Macht haben?

Berührung als Erfolgsfaktor

In Amerika wurde folgender Test gemacht. In verschiedenen Restaurants wurden Berührtage und Nicht-Berührtage eingeführt, das heißt, das Personal sollte an den Berührtagen seine Gäste gezielt berühren. Normalerweise wird man in einem Restaurant nicht von der Bedienung berührt. Das Personal ist im Moment der Berufsausübung keine Person im Sinne von Mensch, sondern eine »Unperson«, die nur eine Funktion erfüllt.

Dies ist oft daran zu merken, dass die Gäste sich ungeniert weiter unterhalten, sogar über intime Themen, während der Ober den Wein einschenkt oder das Essen serviert. Nun zurück zum Test. An den Berührtagen bekam das Personal den Auftrag, die Gäste zu berühren. Nicht wirklich merklich, sondern ganz nebenbei und kaum spürbar beim Servieren, Einschenken oder Abräumen. Und dann gab es natürlich die Nicht-Berührtage, an denen dieses absichtliche Berühren eben wegfiel. Die Messlatte, um den Unterschied festzustellen, war das Trinkgeld. Und siehe da, die Berührtage brachten dem Personal im Durchschnitt 50 Prozent mehr Trinkgeld. Das Berühren hatte also einen deutlich spürbaren Erfolg.

Welche Berührung wirkt im Verkauf positiv? Nun, zuallererst muss der Berührer eine positive Einstellung dem zu Berührenden gegenüber haben. Sie fassen einen Menschen, den Sie nicht ausstehen können, entweder gar nicht an oder so, dass er merkt, dass Sie ihn nicht mögen. Wenn die positive Grundeinstellung zum Kunden vorhanden ist, reicht die kaum spürbare Berührung an der Kleidung des Kunden. Sogar die reine Geste der Berührung bis auf weniger als fünf Zentimeter an die »Schale« des Kunden ohne direkte Berührung ist positiv spürbar.

Berühren als Überzeugungsgeste

Kennen Sie diesen Moment, in dem der Kunde noch mal kurz zögert und den Verkäufer mit Sicherheit suchenden Augen fragt, ob das auch wirklich das Richtige für ihn ist? Leider fangen dann viel zu viele Verkäufer wieder an, ein halbes Verkaufsgespräch zu führen und dadurch den guten Absprung in den Vertrag zu verpassen, und so laufen sie Gefahr, den Abschluss zu zerreden. Deshalb – nicht so viel reden, sondern machen. Denken Sie an die Redewendung: »Suche nicht große Worte, eine kleine Geste genügt.« Viele Verkäufer machen es intuitiv völlig richtig, wenn sie ihren Kunden dann kurz beruhigend an den Arm fassen und einfach nur sagen: »Ja, auf jeden Fall!« Und alle, die das schon mal gemacht haben, wissen: Wenn die Berührung funktioniert, klappt's auch mit der Überzeugung.

Die Berührung verdreifacht die Kaufbereitschaft

Das bisher Gesagte wird durch neuere Studien eines französischen Sozialpsychologen bestätigt. Dieser wollte wissen, ob ein Professor seine Studierenden lediglich durch ein kurzes Berühren des Unterarms zu gesteigerter Mitarbeit im Seminar ermutigen kann. Sechs Wochen lang

Abbildung 27: Handflächen

fungierte ein Statistik-Professor in seiner Lehrveranstaltung als Versuchsleiter. Während sich die Versuchsteilnehmer mit den Grundlagen der Inferenzstatistik abmühten, motivierte der Professor alle Teilnehmer gleichermaßen mit aufmunternden Worten und pädagogischem Geschick. Einige Teilnehmer berührte er darüber hinaus kurz am Unterarm.

Anschließend wurden Freiwillige gesucht, um eine Aufgabe an der Tafel vorzurechnen. Wer stellte sich dieser Herausforderung?

Teilnehmer, die kurz berührt worden waren, zeigten sich deutlich mutiger. Im Durchschnitt wollten 28,3 Prozent derjenigen, die der Professor flüchtig berührt hatte, ihr Können demonstrieren. Bei den anderen Teilnehmern lag der Anteil mit 8,9 Prozent deutlich niedriger. Die Berührung erwies sich generell als ermutigend. Männliche und weibliche Untersuchungsteilnehmer reagierten gleichermaßen positiv auf die zusätzliche Motivation.

Das bedeutet: Auch im Verkauf verdreifacht sich die Bereitschaft zum Kauf mit der typisch menschlichen Geste, den Unterarm des Kunden sanft zu berühren.

Learning by doing
- Wie können Sie sich vorstellen, Berührung gezielt einzusetzen?
- Wie empfinden Sie selbst Berührung, und wie gehen Sie damit um?
- Liegt es Ihnen, zu berühren, ohne zu nahezukommen?

Führen und geführt werden

Die erste Berührung, abgesehen vom Händedruck, bietet sich ideal beim Anbieten eines Sitzplatzes oder beim Führen in die Büroräume an. Für alle, die diesen Moment mit der nötigen Feinfühligkeit angehen, gibt es ein ganz besonders wirkungsvolles Hilfsmittel, den Kunden richtig zu behandeln. Nehmen Sie Ihren Kunden feinfühlig am Arm und führen Sie ihn in die gewünschte Richtung. Wenn Sie das sehr aufmerksam tun und ihre Finger sehr empfindsam sind, können Sie die Folgebereitschaft sehr genau fühlen. Lässt der Kunde die Berührung zu, nimmt der Kunde die angedeutete Bewegung von Ihnen bereitwillig auf, ist er weich zu führen, geht die Führung ins Leere oder »stemmt« der Kunde sich dagegen?

Wie fühlt sich dieses Spiel von Führen und Geführtwerden an? Achten Sie nur auf Ihr Fingerspitzengefühl, das ist mehr Wahrheit als noch so viele freundliche Worte. Bitte bedenken Sie dabei unbedingt, dass es sich immer nur um eine Momentaufnahme handelt. Wenn der Kunde in diesem Moment nicht gut und einfach zu führen ist, dann heißt das nicht gleichzeitig, dass er das nie ist. Und bitte nehmen Sie den momentanen Eindruck einfach nur wahr und ver- oder beurteilen Sie nicht den Kunden, sondern nehmen Sie den momentanen Gesamteindruck wahr, mehr nicht.

Die Sitzordnung

Die Sitzordnung ist eine der wichtigen Rahmenbedingungen in einem Gespräch mit dem Kunden. Wer in der Sitzordnung einen groben Fehler macht, braucht sich nicht zu wundern, wenn trotz aller positiven Punkte die Verhandlung danebengeht. Hier also ein paar einfache Regeln: Für alle, die mit der rechten Hand schreiben, gilt, dass Ihr Kunde am besten links von Ihnen sitzt oder steht. So kann er das, was Sie schreiben, mitverfolgen, und er fühlt sich sicher. Wenn Sie mit Ihrer Schreibhand die Sicht behindern, hat der Kunde ein ungutes Gefühl, dass da etwas Neues entsteht, worauf er keinen direkten Einblick hat, der ihm Beruhigung verschaffen könnte. Also verschaffen Sie Ihrem Kunden den Durchblick und lassen Sie ihn links von sich sitzen. Für alle, die mit der linken Hand schreiben, ist es natürlich umgekehrt. Diese Regel gilt auch an Stehpulten und Schaltern.

Nun zur Sitzordnung im Allgemeinen. In den letzten Jahren hat sich, Gott sei Dank, viel in den Büros und Banken geändert. Mittlerweile hat es sich herumgesprochen, dass sich der Kunde in den Verkaufsräumen wohlfühlen muss. Es soll allerdings immer noch Büros geben, wo jemand hinter dem Chef-Schreibtisch thront. Dieses Ritual des Thronens kann man in der modernen Welt immer noch an zwei Dingen einfach erkennen. Zuerst die höhere Rückenlehne als Zeichen der Macht. Dann die Kippautomatik. Es lässt sich schwer beschreiben, was das Kippeln des Chefs bedeutet, aber es hat nett gesagt etwas mit großer Überheblichkeit zu tun. Nun aber zu möglichen guten Lösungen.

Falls Sie noch so einen Thron besitzen (be-sitzen, auch wieder ein haptischer Begriff), verlassen Sie Ihren Thron und gehen Sie mit Ihrem Kunden am besten an einen runden oder ovalen Besprechungstisch. Quadratisch geht auch, aber rund ist besser, rund hat eben keine Ecken und Kanten. Sitzen Sie mit Ihrem Kunden über Eck oder besser noch nebeneinander. Motto: Feinde stehen sich gegenüber, Freunde gehen Seite an Seite. Wenn Sie während der Beratung neben Ihrem Kunden sitzen, dann haben Sie vielleicht beim Zeigen die Möglichkeit, den Kunden zu berühren. Am besten am Arm oder am Ellbogen, natürlich freundschaftlich.

Achten Sie auch darauf, wenn mehrere Verhandlungspartner zusammen sind, dass die kompletten Parteien jeweils auf einer Seite sitzen und keiner »zwischen die Mühlen gerät«. Denn bei dieser Anordnung kann man nur verlieren: Spricht man mit dem Partner zur Linken, sitzt einem der rechte Partner im Nacken, spricht man mit dem rechten, missachtet man den linken. Zum schlechten Schluss muss man sich nicht wundern, wenn man buchstäblich zwischen den Stühlen sitzt, soll heißen: zwischen zwei Meinungen.

> **Learning by doing**
> - Nennen Sie drei Punkte, auf die Sie in Zukunft besonders achten werden.
> - Wie könnten Sie Ihr Büro im Hinblick auf den haptischen Umgang mit dem Kunden optimieren?

9.2 Das haptische Verkaufsgespräch

Ein Kunde, der sich bewegt, ist ein aktiver Kunde, ein aktiver Kunde ist interessiert und motiviert, ein Kunde, der sich interessiert, erkennt seine Vorteile, und ein Kunde, der seine Vorteile erkennt, ist ein Kunde, der kauft.

In vielen Verkaufsgesprächen, zumindest wenn es um Dienstleistungen geht, hat der Kunde so gut wie nie ein Bewegungs- oder Fühlerlebnis, abgesehen von dem Händedruck bei der Begrüßung. Es ist natürlich je nach Produkt und je nach Branche sehr verschieden. Nehmen Sie einmal an, dass ein Verkaufsgespräch im Durchschnitt ca. 30 bis 60 Minuten dauert.

Und nun versetzen Sie sich bitte in die Situation des Kunden. In den ersten Minuten herrscht mehr oder weniger innere Anspannung, aber der Körper darf noch was tun: Begrüßung, man nimmt Platz, es werden Visitenkarten oder Prospekte ausgetauscht. In dieser ersten Phase ist noch etwas Aktion da. Dann beginnt das Verkaufsgespräch und der Kunde muss viel zuhören (auditiv), manchmal bekommt er auch was zu sehen (visuell), wenn er Glück hat, darf er was sagen oder fragen. Dabei hat er ein ganz klein wenig Bewegung, aber nur mit dem Kopf. Angenommen das Gespräch verläuft auf diese Art und Weise fast eine ganze Stunde, dann lernt der Körper des Kunden in dieser Zeit Folgendes: »Okay, meine Ohren dürfen zuhören und meine Augen ab und zu zusehen, gelegentlich darf mein Mund etwas sagen, aber ansonsten werde ich hier nicht gebraucht.« Der Körper unterhalb vom Kopf kann es sich ganz gemütlich machen und in Ruhe entspannen.

Und dann, nachdem der Körper endlich in einen gut entspannten, leicht meditativen Zustand gekommen ist, kommt plötzlich der Verkäufer und verlangt von dem Körper des Kunden eine Aktion: »Wenn Sie bitte hier unterschreiben.« Und der Kunde muss schnell seinen so schön entspannten Körper aufwecken. Selbst wenn der Kopf schon so weit war, zu unterschreiben, so hat die Hand am Ende des Arms doch eine kleine Barriere der Wiederbelebung zu überwinden.

Ein haptischer Verkäufer weiß schon während des Verkaufsgesprächs verschiedene Möglichkeiten, um auch den Körper des Kunden aktiv zu halten, weil gefühlte Informationen wesentlich nachhaltiger und intensiver verarbeitet werden als nur gehörte oder gesehene.

In einem guten Verkaufsgespräch vermittelt der Verkäufer dem Kunden immer wieder Bewegungs- und Fühlerlebnisse.

Die Eröffnung des haptischen Verkaufsgesprächs

Schon das Wort Er-öffnung zeigt wieder einmal die körperliche Ebene an. Ob jemand verschlossen oder offen ist, sieht man ihm an seiner Körperhaltung an. Wenn also jemand verschlossen scheint, dann gilt es, ihn zu öffnen.

Dazu ein Beispiel aus dem Buch *Körpersprache im Beruf* von Samy Molcho:

Der Kunde hat sich ganz verschlossen. Seine verschränkten Arme wehren Argumente und selbst den zur Lockerung und zum Bewegungswechsel angebotenen Kaffee ab. Auch seine Lippen sind verspannt.

Samy Molcho reicht die Tasse über die Tischhälfte hinaus. Er kann sich kaum weigern, sie anzunehmen. Ein Lächeln auf beiden Seiten sagt: »Er nimmt etwas von mir an. Jetzt stehen wir beide positiv zueinander.«

Das haptische Verkaufsgespräch

Abbildung 28: Verschlossener Typ

Abbildung 29: Öffnung

Dies ist ein anschauliches Beispiel, wie man einen Kunden öffnen kann. Dass die beiden im Bild sich gegenübersitzen, ist ein Fehler, der aber beabsichtigt ist, um die Gesten besser sehen zu können.

Geben Sie Ihrem Kunden etwas in die Hand, um ihn zu öffnen und zu aktivieren. Das können auch ein Prospekt, ein Zeitungsartikel, die Visitenkarte und vieles mehr sein.

> **Erkenntnis**
>
> Erst den Kunden öffnen, dann beginnt der Verkauf.

Das Ritual von Geben und Nehmen

Vielleicht eines der ältesten, auf jeden Fall ist es eines der elementarsten Rituale der Menschheit. Alle Organe des Körpers funktionieren so, aber wenn ein Organ des Menschen dieses Ritual des Gebens und Nehmens am besten symbolisiert, dann das Herz. Nur so ist der Kreislauf und damit das Leben möglich. Geben und Nehmen ist wahrscheinlich auch das im täglichen Leben am häufigsten ausgeübte Ritual, und weil das so ist, fällt es gar nicht mehr auf. Bei dem Ritual zwischen zwei Menschen entsteht durch Geben und Nehmen ein Vertrag, eine Beziehung, man hat etwas Gemeinsames.

Wenn der Verkäufer also zu Beginn des Gesprächs schon eine gute Basis herstellen will, dann erreicht er das mit dem Ritual des Gebens und Nehmens. Dazu zählt natürlich auch schon, dem Kunden einen angenehmen Platz anzubieten. Oder er bietet dem Kunden eine Tasse Kaffee oder Tee, ein Glas Wasser, etwas Gebäck oder frisches Obst an. Wenn Sie sich an den Begriff »bewegungs-erlebnis-orientiert« erinnern und dann eine gedankliche Verbindung zum Oberbegriff Lebensmittel für Obst schaffen, dann wissen Sie, dass frisches Obst ein besonders belebendes Angebot sein kann.

Der richtige Umgang mit der Visitenkarte

Die Visitenkarte ist eine weitere gute Möglichkeit, doch achten Sie bitte einmal darauf, wie man in Deutschland Visitenkarten entgegennimmt. Meistens wirft man einen kurzen Blick auf die Visitenkarte, dann legt man sie relativ achtlos zur Seite oder steckt die Karte vielleicht verlegen weg. Das grenzt an Missachtung.

Wir sind keine Japaner, aber eine kleine Scheibe können wir uns im Umgang mit Visitenkarten von den Japanern abschneiden. Ein Japaner nimmt eine Visitenkarte mit beiden Händen entgegen und verbeugt sich dankbar, dann schaut er sich die Visitenkarte genau und in Ruhe an, schaut dann wieder auf und bezeugt dem anderen seine Anerkennung. Dafür nimmt er sich wirklich Zeit, weil er so seinem Geschäftspartner die nötige Beachtung schenkt.

Wenn Sie es hier in Deutschland genauso machen, dann wird das Verhalten für Aufsehen sorgen – wie so oft liegt der Weg in der Mitte. Beachten Sie die Visitenkarte mehr als bisher und gehen Sie ein wenig darauf ein, am besten natürlich auf die positiven Aspekte! Übrigens, wenn Sie Ihre Visitenkarte dem Kunden geben, dann tun sie das nicht nebenbei. Holen Sie Ihre Visitenkarte hervor und »übergeben« Sie Ihre Karte. Und jetzt so ein kleiner Kick. Leider ist auf den meisten Visitenkarten schon alles gedruckt. Privatadresse, Handy, E-Mail … Was glauben Sie, wie es beim Kunden wirkt, wenn Sie zum Schluss des Gesprächs vom Kunden noch einmal die Visitenkarte zurückverlangen, um »ausnahmsweise« die Handynummer oder private E-Mail-Adresse darauf zu schreiben? Am besten mit dem kleinen Satz: »Wenn mal etwas ganz Besonderes sein sollte, dann dürfen Sie gerne auch …!«

Visitenkarten sind gut, Unternehmensflyer sind besser. Warum? Visitenkarten gibt es heute schon in guter Qualität für ein paar Euro an Automaten auf der Straße. Visitenkarten kann sich wirklich jeder machen lassen. Ein Unternehmensflyer mit Fotos, Bildern von dem Büro oder dem Betrieb, am besten mit persönlicher Note, das hebt Sie schon von den »Nur-Visitenkarten-Verkäufern« ab, und Sie haben dadurch eine bessere Gelegenheit, mehr über Ihr Unternehmen zu erzählen. Der Kunde kann so mehr Assoziationen bilden, um Sie besser und länger in guter Erinnerung zu behalten.

Kleine Geschenke erhöhen den Umsatz

Die meisten Menschen geben in Lokalen und Hotels Trinkgeld – fast immer zum Schluss. Das ist das so genannte Belohnungsprinzip, das kennen schon die kleinen Kinder. Wenn du brav gewesen bist, kriegst du auch ein Bonbon. Das ist kein schlechtes Prinzip, wenn man langfristig miteinander arbeitet. Wenn Sie kurzfristig ein besseres Ergebnis realisieren wollen, dann muss es anders herum laufen.

Was, glauben Sie, passiert, wenn ein Hotelgast oder ein Gast in einem Restaurant gleich zu Beginn ein Trinkgeld gibt mit der Bitte, dass er einen schönen Abend erleben möchte und deshalb um Unterstützung und einen guten Service bittet? Wenn die Bedienung einigermaßen normal ist, wird sie sich sehr freuen und sich danach für den Kunden echt ins Zeug legen.

Wenn ein Tourist in seinem neuen Urlaubsapartment dem Hauspersonal nach seiner Ankunft persönlich und freundlich ein gutes Trinkgeld gibt mit der Bitte, im Apartment vielleicht ein Handtuch mehr hinzulegen – dann achten Sie mal darauf, wie gut das funktioniert. Bei der Abreise das Restgeld unpersönlich auf dem Tisch liegen zu lassen hilft gar nicht, den Service der vergangenen Wochen zu verbessern.

Was bedeutet das für den praktischen Verkauf? Geben Sie Ihrem Kunden gleich zu Beginn ein »kleines Geschenk«. Es darf nicht zu hochwertig sein, das riecht nach Bestechung oder danach, dass Sie zu viel Geld an dem Kunden verdienen wollen oder werden. Es sollte angemessen sein, und es sollte ein Geschenk sein und keine Geschenkflut, die dann bei der Dankbarkeit eine Inflation erzeugt. Was können Sie als Verkäufer machen?

Eine der einfachsten Möglichkeiten und fast für jede Branche umsetzbar ist ein kleinerer Schreibblock (A5 oder A6) und ein guter, aber nicht luxuriöser Kugelschreiber oder ein schönes anderes Schreibgerät – am besten mit Ihrer dezenten Werbung darauf, vielleicht sogar mit dem entsprechenden Ansprechpartner. Und dann geben Sie das »Geschenk« dem Kunden – nicht gönnerhaft als »Geschenk«, sondern als Zweckmittel, mit dem Hinweis: »Hier, das ist für Sie, damit können Sie sich während des Gesprächs alles Wichtige aufschreiben.« Die meisten Kunden reagieren darauf spontan zuerst mit dem Gefühl der Freude, dann kommt das Gefühl der Dankbarkeit – und dann kommt dieses psychologische Kompensationsverhalten, das Gefühl der Verpflichtung, ja nahezu der Zwang, es wieder gutzumachen, es wieder auszugleichen. Denn rein psychologisch gesehen hat der Kunde eine Belohnung erhalten, die er nach seinem Empfinden noch nicht wirklich verdient hat.

Sie kennen dieses Verhalten vielleicht auch, wenn Sie auf der Heimfahrt von einer supertollen Party plötzlich darüber nachdenken, diese netten Gastgeber auch mal einzuladen, weil es doch so schön war. Das ist dasselbe psychologische Muster.

Der Umgang mit Prospekten

Wenn man lange genug in der Praxis ist, sieht man diesen Riesenunterschied zwischen den schönen Prospekten, die erdacht und gemacht werden, und der wesentlich prospektärmeren Praxis. Die meisten Prospekte gelangen traurigerweise gar nicht ins Verkaufsgespräch, weil sie mit dem Verkaufsgespräch des Verkäufers nicht gut harmonieren. Das liegt nicht nur an den Prospekten, sondern auch daran, dass der Verkäufer seinen gewohnten Trott nicht so schnell und einfach verlässt. Die Präsentation von Prospekten ist auch sehr oft nicht genügend praxisbezogen. Und zumeist reduziert sich die Vorstellung der neuen Prospekte beim Verkäufer auf: »Schau mal hier, da haben wir wieder mal einen neuen Prospekt.«

Dass das nicht unbedingt mit Begeisterung angenommen wird, ist nicht verwunderlich. Auch die tollsten Prospekte müssen zuerst einmal den Verkäufern verkauft werden, es sei denn, die Verkäufer hätten diese mit oder selbst entwickelt.

Nun konkret zum Umgang mit dem Prospekt. Die schlimmste Art, mit einem Prospekt beim Kunden umzugehen, besteht darin, dass der Verkäufer den Prospekt dem Kunden vor-ent-hält (etwas vorhalten, etwas enthalten, auch wieder haptisch). Vorenthalten, das sieht folgendermaßen aus: Der Verkäufer hält dem Kunden den Prospekt vor Augen, übergibt ihn dem Kunden jedoch nicht, der Verkäufer behält ihn selbst in Händen. Und so ist es dem Kunden nicht möglich, den Prospekt beziehungsweise dessen Inhalt voll anzunehmen, er kann ihn nur unter Vorbehalt annehmen. Das ist die schlechtere Variante.

Der höfliche, normale Verkäufer gibt den Prospekt dem Kunden schon aufgeschlagen in die Hand und zeigt auf die richtigen Stellen, um den Kunden zu steuern. Dass bei dem Kunden dabei der Eindruck entstehen könnte, dass er dadurch von anderen Dingen abgelenkt werden soll, ist denkbar und auf jeden Fall nicht förderlich. Einer der schlimmeren Varianten ist das Vorlesen. Der Verkäufer liest dem Kunden vor, als ob der nicht richtig lesen könnte. Denken Sie mal zurück, wann Sie das letzte Mal etwas vorgelesen bekommen haben – am Bettchen von der Mami oder von der Oma?

Gute Verkäufer geben dem Kunden den Prospekt in die Hand und lassen den Kunden selbst aufschlagen und lesen.

Der haptische Verkäufer schafft mit dem Prospekt eine Verbindung zum Kunden, natürlich nicht auffällig, sondern wie bei der Berührung nur ganz fein. Er gibt dem Kunden den Prospekt eher verkehrt herum, sodass der Kunde den Prospekt drehen und wenden muss, dadurch hat er mehr sinnliche Erfahrung. Und wenn der Prospekt angenehm anzufühlen ist, kommt die richtige Stimmung auf. Lassen Sie den Kunden also den Prospekt selbst aufschlagen, helfen Sie ihm mit rhetorischen Tipps zur Handhabung und lassen Sie ihn selbst machen. Und lassen Sie ihn auch selbst lesen, die meisten Kunden können das. Motto: »Was wir ergreifen, ergreift uns.« (Karl Kleinschmidt)

Lassen Sie den Kunden lesen

Abbildung 30: Zeitungen

Geben Sie dem Kunden einen einschlägigen Zeitungsartikel in die Hand. Wenn Sie sehr viel damit arbeiten, schützen sie den Artikel mit Laminierfolie. Diese Technik, mit dem Zeitungsartikel zu überzeugen, hat zwei wesentliche Vorteile.

- Das, was in der Zeitung steht, ist immer richtig. Es ist schon erschreckend, wie unkritisch manche Menschen gegenüber den Medien sind. Das bedeutet: Wenn der Kunde das Medium akzeptiert, machen Sie es sich zunutze und stellen sich hinter den Artikel.
- Wenn der Kunde das Medium ablehnt, lassen Sie es unter den Tisch fallen ohne Verteidigung und warten auf einen besseren Augenblick. Denn solange es geht, sollte der Verkäufer mit dem Kunden argumentieren und nicht gegen ihn. Das darf jedoch nicht so ausarten, dass der Verkäufer wachsweich wird. Nein, der Kunde muss auch wissen, dass

der Verkäufer Format und Courage besitzt, und dazu gehört auch eine mögliche Konfrontation.

Lassen Sie den Kunden selbst lesen. Haben Sie schon einmal erlebt, dass Ihnen jemand etwas vorgelesen hat und Sie sollten sich dann sofort entscheiden? Vielleicht erinnern Sie sich daran, dass es Ihnen lieber gewesen wäre, wenn Sie selbst hätten lesen können. Dieses störende Gefühl gründet darauf, dass Sie das Vorlesen als Erwachsener als eine Art Entmündigung beziehungsweise Bevormundung empfinden. Wenn Sie zum Beispiel mit Freunden im Lokal sind und einer empfiehlt Ihnen ein paar Sachen aus der Tageskarte, haben Sie nicht dann auch schon gesagt: »Lass mich mal gucken«? Jeder Mensch hat den Eindruck: Was er selbst liest, ist richtig. Er glaubt seinen Augen eben mehr als den Worten eines anderen.

Lassen Sie den Kunden selbst rechnen

Diese Aussage gilt nicht generell, sondern immer dann, wenn es passend ist. Hoffentlich gewinnen Sie mit dem folgenden Beispiel die Meinung, dass es häufiger angebracht ist, den Kunden selbst rechnen zu lassen, als Sie bisher gedacht haben.

Wenn Sie die folgende Rechnung hören: 4 mal 18 ist 72, was machen Sie jetzt: nachrechnen? Wahrscheinlich schon, obwohl es richtig ist, oder? Warum das Nachrechnen? Das hat viele mögliche Gründe, einer der wichtigsten davon ist auf jeden Fall die Kontrolle: Wenn ich es selbst rechne, ist es auch richtig. Wir glauben uns selbst halt am liebsten. Also lassen Sie den Kunden, wenn vertretbar, selbst rechnen, vielleicht mit so einem kleinen Teamwork-Appell wie zum Beispiel: »Was halten Sie davon: Sie rechnen, ich schreibe.« Das klappt in den meisten Fällen wirklich gut. Zweitbeste Möglichkeit ist, dass Sie dem Kunden einen Einblick in den Rechenvorgang und ihm damit eine Vorstellung geben, die ihm Sicherheit vermittelt.

Abbildung 31: Taschenrechner

Konkretes Beispiel: Berufsunfähigkeitsversicherung

Der Verkäufer gibt dem Kunden den Taschenrechner, fragt den Kunden: »Kennen Sie schon den Wert Ihrer Arbeitskraft? Möchten Sie wissen, wie hoch dieser Wert ist? Sie können ihn ganz einfach ausrechnen. Geben Sie bitte Ihr monatliches Nettoeinkommen ein: 1.900 Euro, o.k. Wie oft bekommen Sie das im Jahr – zwölf, 13 oder 14 Mal? Also, mal (zum Beispiel) 13. Gut, wie alt sind Sie jetzt?« Kunde: »28.« »Schön – und wie lange gehen Sie, ganz realistisch betrachtet, noch arbeiten?« Kunde: »Bis 63.« »Da bleiben dann 63-28 = 35. Dann rechnen Sie bitte mal 35. Nun, wie hoch ist der Wert Ihrer Arbeitskraft? (1.900 x 13 x 35=) 864.500 Euro. 864.500 Euro, das ist der Wert Ihrer Arbeitskraft ohne Karriere und ohne Gehaltserhöhungen. Ganz schön, oder? Und wissen Sie, was passiert, wenn Sie einmal plötzlich nicht mehr arbeiten können?«
Der Verkäufer zählt jetzt innerlich 21, 22, 23 und drückt dann auf die C-Taste. »So ist das, wenn die Einkommensquelle Nr. 1, die Arbeitskraft, wegfällt. Nun ist es wichtig, sich rechtzeitig auf die sichere Seite zu bringen. Mit der richtigen Einkommensgarantie, falls Sie einmal nicht mehr arbeiten können.«

Vielleicht dient Ihnen dieses Gespräch dazu, um für Ihre Branche ein entsprechendes Rechenbeispiel zu kreieren.

Lassen Sie den Kunden Notizen machen

Die folgenden Tipps passen besonders gut, wenn Sie, wie vorher beschrieben, dem Kunden gleich zu Beginn einen Block mit Schreibgerät aushändigen. Aber nicht alle Kunden schreiben während des Verkaufsgesprächs etwas auf, und manche Verkäufer bekommen schon die Krise, wenn der Kunde mit Block und gespitztem Bleistift anmarschiert. Unter dem Strich sind jedoch die Kunden, die sich ernsthaft mit dem Angebot auseinandersetzen, die besseren Kunden.

Das bedeutet: Die Kunden, die nicht von selbst schreiben, brauchen ein wenig Animation, um die wichtigsten (positiven) Punkte schwarz auf weiß festzuhalten. Wenn der Kunde dann zur Abschlussentscheidung kommt, zählen die geschriebenen Punkte stärker als die nicht geschriebenen Punkte. Motto: Lieber ein Gedanke auf dem Papier als drei im Kopf. Wobei der gefühlsmäßige Eindruck immer noch das größte Gewicht in der Waagschale der Entscheidung bleibt.

Es gibt übrigens noch drei weitere Vorteile.

1. Wenn der Kunde auf dem Block die berühmte Tagungsmalerei anfängt, dann weiß der Verkäufer, dass das Interesse des Kunden sich dem Nullpunkt nähert.
2. Wenn der Kunde sich »Negativpunkte« aufschreibt, dann hat der Verkäufer die Möglichkeit, darauf einzugehen. Wenn die Punkte geklärt sind, sollte der Kunde sie durchstreichen oder abhaken.
3. Mit dem Schreibgerät in der Hand senden Kunden häufig sehr eindeutige Körpersprachesignale. Nimmt der Kunde den Kuli in die Hand, ist er eher aktiv, legt er ihn weg, ist er meist passiv oder geht auf Distanz. Nimmt er den Kuli in beide Hände, geht er ein wenig in sich, um nachzudenken oder eine Entscheidung zu treffen. Er geht auf Abstand, wenn er den Kuli zum Zeigen benutzt. Wenn der Kunde mit dem Kuli das Degenfechten beginnt, dann wird es für den Verkäufer wirklich kritisch.

Von der Demonstration zum Ausprobieren

Immer wieder gibt es Verkäufer, die begreifliche Ware verkaufen, diesen Vorteil aber nicht oder wenig oder schlecht nutzen. Der Verkäufer oder der Berater besucht den Kunden, er demonstriert die Funktion des Produkts, anstatt den Kunden nach einer kurzen Einweisung zu animieren, es selbst zu tun.

Sogar in der Kindererziehung ist immer wieder zu beobachten, dass die Eltern etwas vormachen, anstatt den Kindern die Möglichkeit zu geben, es selbst zu tun. Bitte überlegen Sie konkret, was Sie alles tun können, um weg von der Demonstration hin zum Probieren zu kommen. Lassen Sie Ihren Kunden die Dinge selbst machen.

Standpunkte verlassen, um Fortschritte zu machen

Wenn eine Verhandlung festgefahren ist, so hilft in erster Linie, seinen Standort zu verlassen. Körperliche Bewegung bringt häufig auch wieder die Verhandlung in Gang. Wenn Sie also spüren, dass im Gespräch mit dem Kunden die Standpunkte festgefahren sind und Sie nicht zu einem Konsens kommen, verschaffen Sie sich und dem Kunden ein wenig Bewegung, um dann entspannter weiterzuverhandeln.

9.3 Gesprächsphasen haptisch gestalten

Sie haben erfahren, welche haptischen Gestaltungsmöglichkeiten es gibt, um den Kunden auf allen fünf Sinneskanälen anzusprechen. In dem folgenden Beispiel sollen diese Gestaltungsoptionen anhand eines Kundengesprächs mit einem Bankkunden verdichtet werden. Die Frage dabei: Wie können Sie möglichst alle Gesprächsphasen haptisch ausrichten?

Meistens umfasst ein Beratungsgespräch die Phasen »Begrüßung und Vertrauensaufbau«, »Interesse wecken«, »Bedarf analysieren«, »Angebotspräsentation«, »Einwandbehandlung« und »Abschluss«. Jede dieser Phasen lässt sich mit haptischen Elementen kundenorientierter gestalten.

Vertrauen aufbauen und Interesse wecken

Natürlich zählt die Begrüßung per Handschlag zu den Klassikern der haptischen Gesprächseröffnung. So signalisieren Sie dem Kunden, dass es heute darum geht, gemeinsam ein Ziel zu verfolgen und zu erreichen. Angenehme Gefühle auf Kundenseite erzeugen Sie, wenn Sie sich bei der Begrüßung seitlich zum Kunden stellen, sich also aus der konfrontativen Haltung des Sich-gegenüber-Stehens herausbegeben und den Kunden, neben diesem hergehend, zum Besprechungstisch führen. Der Gesprächspartner spürt: »Heute werden wir gemeinsam eine gute Lösung für mein Engpassproblem finden.«

Die körperliche und emotionale Nähe verstärken Sie, indem Sie dem Kunden bereits jetzt ein haptisches Geschenk überreichen. Eine kleine Geste reicht – etwa ein Schreibblock mit einem Kuli und der Anmerkung:

»Das ist für Sie, so können Sie sich während des Gesprächs Notizen machen.«

Eventuell sollten Sie auf der ersten Seite des Blocks das Thema aufgeschrieben haben, um das es geht, um auch auf diese Weise das Interesse des Kunden zu fokussieren. Oder Sie legen einen interessanten Zeitungsartikel über neue Anlagestrategien auf den Besprechungstisch. Oder auch einen Prospekt, der zu dem eigentlichen Gesprächsgegenstand hinführt. Entscheidend ist, dass Ihr Kunde bereits jetzt etwas zum Anfassen hat und nicht nur über den Seh- und Hörsinn angesprochen wird.

Auch mit der Sitzordnung tragen Sie zur haptischen Gesprächsatmosphäre bei. Der Kunde und Sie sitzen sich zum Beispiel nicht gegenüber, sondern über Eck oder nebeneinander. Wenn Sie in eine Richtung schauen, lautet das haptische Signal: »Wir handeln zusammen und erreichen gemeinsam das vor uns liegende Ziel!«

Übrigens: Gerade der Händedruck bietet dem sensibel-feinfühligen Verkäufer die Möglichkeit, den »haptischen Typus« des Kunden besser einzuschätzen:

- Spüren Sie, dass die Begrüßung per Handschlag für den Kunden ein notwendiges Übel darstellt?
- Oder merken Sie, dass der Kunde auf der körpersprachlichen Ebene durchaus nicht abgeneigt ist, Ab- und Zuneigung, Sympathie und Antipathie und vor allem Vertrauen und Misstrauen auch über Berührungsgesten zu kommunizieren?

Wenn Sie überdies in der Lage sind, die Persönlichkeit des Kunden einzuordnen, verfügen Sie über Beurteilungskriterien, ob Sie Berührungsgesten einsetzen sollen oder nicht – dazu ein paar Beispiele:

- Sie stellen fest, dass Sie es mit einem dominanten Kundentyp zu tun haben, der die Gesprächszügel gern in eigenen Händen hält. Diese Interpretation wird durch den fest-dominanten Händedruck unterstützt. Wahrscheinlich ist es nicht ratsam, mit weiteren Berührungsgesten zu arbeiten, weil der Kunde dies als Machtanspruch und Dominanzstreben verstehen könnte.
- Sie haben es mit einem beziehungsorientierten Kunden zu tun – hier ist eher die Wahrscheinlichkeit größer, dass Berührungsgesten auf fruchtbaren Boden fallen.
- Und noch einmal haben Sie es mit einem dominanten Kunden zu tun. Aber dieses Mal verhält er sich bei der Begrüßung defensiv und reserviert. Das schließen Sie auch aus dem Händedruck. In diesem

Fall ist es kontraproduktiv, den Kunden am Oberarm zum Tisch zu führen – er könnte dies als ungebührliches Eindringen in seine Privatsphäre auffassen.

Das bedeutet: Die haptischen Berührungsgesten helfen, Vertrauen aufzubauen und das Kundeninteresse zu wecken – und haben den angenehmen Nebeneffekt, die Persönlichkeit eines Kunden noch besser einschätzen zu können.

Bedarf ermitteln und berührende Argumente vortragen

Bei der Bedarfsermittlung stehen eher traditionelle Vorgehensweisen im Vordergrund: Sie stellen öffnende W-Fragen, hören aktiv zu und visualisieren Ideen und Überlegungen, etwa auf Flipchart oder Pinnwand. Ab der Angebotspräsentation und der kundennutzenorientierten Argumentation schlägt die Stunde der haptischen Verkaufshilfen.

Jetzt setzen Sie zum einen die eher traditionellen haptischen Verkaufshilfen ein: Sie bitten den Gesprächspartner indirekt, sich Notizen anzufertigen, und fordern ihn zur Aktivität auf – Schreibblock und Stift haben Sie ihm ja schon überreicht. Natürlich gibt es Schreibmuffel, aber vielleicht können Sie so den einen oder anderen Kunden zum Schreiben animieren, und wenn er dann zur Abschlussentscheidung kommt, wiegen die selbst niedergeschriebenen Vorteilsaspekte mehr als die noch so glänzend aufbereitete Powerpoint-Präsentation.

Denken Sie aber auch an Äußerlichkeiten: Wie können Sie die sachlich-nüchterne Atmosphäre des Besprechungsraumes kreativ auflockern – etwa durch Bilder, Collagen an der Wand, Farbenfrohsinn, durch Kunst? Vielleicht gibt es an Ihrem Ort eine (Laien-) Künstlergruppe, zum Beispiel Kinder, die in einem Malkurs sind. Diese werden dankbar sein, wenn Sie in der Bank eine kleine Ausstellung machen dürfen – kleine Künstler ganz groß. Der Kunde darf und soll die Kunstwerke betrachten, anfassen, kommentieren – all dies erhöht den »haptischen Faktor«.

Denken Sie zudem an Ihre »Hilfsmittel«, zum Beispiel die Präsentationsunterlagen. Warum immer alles grau in grau malen, warum nicht vorsichtig mit Farbtupfern arbeiten? Natürlich – Sie sind nicht verantwortlich für den Druck der Unterlagen. Aber Sie benutzen im Verkaufsgespräch den Stift, um etwas an der Pinnwand auszuführen, und Sie visualisieren Ihre verbalen Äußerungen mit einer Zeichnung. Das sind die Gelegenheiten, sachliche Aussagen zu emotionalisieren. Sprechen Sie möglichst viele Sinne Ihres Kunden an. Er sieht Ihre aussagekräftige Zeichnung, er hört Ihre Worte, er fühlt die Unterlagen.

Am wichtigsten aber sind jene haptischen Verkaufshilfen, also symbolische Gegenstände, die der Kunde anfassen kann und durch die sich Argumente veranschaulichen lassen. Zu einem späteren Zeitpunkt erläutere ich die haptischen Verkaufshilfen in aller Ausführlichkeit. Zur Verdeutlichung, wie Sie das Kundengespräch insgesamt haptisch gestalten können, stelle ich Ihnen jetzt zwei haptische Verkaufshilfen kurz und knapp vor.

Nehmen wir an, es geht in dem Gespräch um die Altersvorsorge. Dazu setzen Sie den haptischen Vorsorge-Baum ein. Der Vorsorge-Baum besteht aus mehreren Teilen, die durch einen Stiftmechanismus ineinandergesteckt werden können. Der Baum lässt sich also auseinanderbauen und wieder zusammensetzen.

 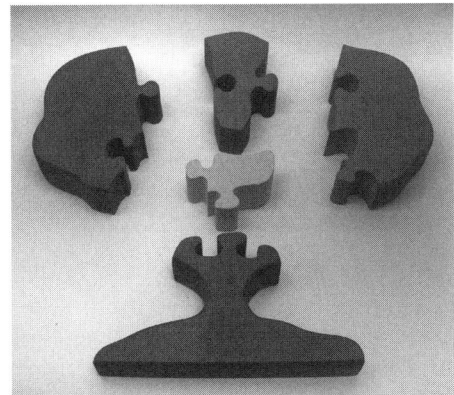

Abbildung 32: Vorsorge-Baum

Sie sagen dazu: »Sehen Sie, jede Art der Vorsorge benötigt eine starke Wurzel, die fest im Boden ruht und den Stamm hält. Dann können der Stamm und die Krone in den Jahren wachsen und für Sie den Ertrag bringen, der Ihre Altersvorsorge sichert.« Anschließend zerlegen Sie die Krone und überreichen die Teile dem Kunden: »Der größere Teil ist die Rente, die Sie vom Staat erhalten. Aber ein Teil Ihres heutigen Nettogehaltes fehlt Ihnen als Rentner im Verhältnis zum gewohnten Einkommen. Über diese Lücke und wie Sie sie füllen können, darüber möchte ich heute mit Ihnen sprechen.«

Der haptische Vorsorge-Baum sensibilisiert den Kunden für das Thema, zeigt ihm drastisch einen Bedarf auf, spricht ihn emotional an und öffnet ihn für Ihre weitere Argumentation.

Einwandbehandlung: Der Preiskampf im Fokus

Bei der Einwandbehandlung schließlich kommen die Preis-Nutzen-Karten zum Einsatz. Dabei wird mithilfe eines optischen Effektes verdeutlicht, dass der Preis und der Nutzen immer in einem angemessenen Verhältnis stehen (sollten). Die zwei Karten repräsentieren den Preis und den Nutzen. Sie sehen zwar unterschiedlich groß aus, sind aber deckungsgleich. Der Kunde be-greift: Der Nutzen entspricht dem Preis – und der Preis entspricht dem Nutzen.

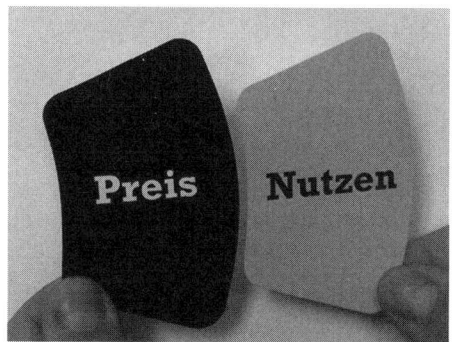 

Abbildung 33: Preis-Nutzen-Karten

Indem der Kunde die gleich großen Karten vor sich liegen hat, sie anfassen und übereinanderlegen kann, macht er buchstäblich und körperlich die Erfahrung, dass Preis und Nutzen in einem angemessenen Verhältnis zueinander stehen müssen. Er be-greift: Sie bieten mit Ihrem Finanzprodukt etwas an, das bei entsprechender Qualität eben auch den entsprechenden Preis hat. Sie können jetzt argumentieren: »Wenn Sie den Preis zu sehr in den Vordergrund stellen, besteht die Gefahr, dass Sie auch weniger Nutzen erhalten. Es ist sinnvoll, wenn Preis und Nutzen deckungsgleich sind. Nehmen Sie das niedrigste Angebot an, riskieren Sie es, aufgrund der minderen Qualität zu einem späteren Zeitpunkt einen Ausgleich schaffen zu müssen. Letztendlich zahlen Sie dann deutlich mehr.«

Haptische Abschlussphase

Auch in der Abschlussphase, wenn Sie dem Kunden Entscheidungshilfen geben, lohnt sich der Einsatz einer haptischen Verkaufshilfe: »Der Vorsorge-Baum eben hat Ihnen ja gezeigt, dass …«

Zum Ende des Beratungsgesprächs kommt wieder eine Berührungsgeste zum Einsatz: Mit einem Handschlag werden die getroffenen Vereinbarungen besiegelt oder das Folgegespräch vereinbart. Das Signal: Der Händedruck zwischen dem Kunden und Ihnen wiegt mehr als jeder Vertrag – »wir schwimmen auf einer Wellenlänge«.

Hinzu kommt: Haptische Verkaufshilfen wie den Vorsorge-Baum gibt es in einer Miniaturausgabe – Sie können dem Kunden also einen kleinen Vorsorge-Baum mit auf den Weg geben. So wird der Kunde zu Hause oder im Büro an das angenehme Gespräch mit Ihnen erinnert.

Handschlagbegrüßung, haptisches Eröffnungsgeschenk, Sitzordnung, Berührungsgesten und haptische Verkaufshilfen: Die berührende Vorgehensweise erlaubt Ihnen das Beraten und Verkaufen mit allen fünf Sinnen.

Learning by doing
- Überlegen Sie, inwiefern Sie Ihr nächstes Verkaufsgespräch haptisch gestalten können.
- Orientieren Sie sich dabei an den Phasen, durch die jedes Kundengespräch geprägt wird.

10 Das haptische Büro – alle Sinne ansprechen

Um den Anspruch auf den Namen »haptisches Büro« zu erfüllen, sind zwei Faktoren von ausschlaggebender Bedeutung:

1. Es muss bewegungs-erlebnis-orientiert gestaltet sein und
2. dem Kunden angenehme Gefühle vermitteln.

Überlegen Sie einmal, wie bewegungs-erlebnis-orientiert Ihr Büro oder Ihr Geschäft ist. Was kann der Kunde anfassen, was kann er tun, welche seiner Sinne werden angesprochen?

Erinnern Sie sich noch an die quietschende Türe und das unverwechselbare »Klingeling« vom Bäcker oder Lebensmittelgeschäft in Ihrer Kindheit? Dann erinnern Sie sich vielleicht auch noch daran, wie es da gerochen hat und welche Gefühle Sie beim Betreten dieses Ladens hatten. Wie fühlt sich Ihr Kunde, wenn er bei Ihnen zur Tür hereinkommt? Was gibt es zu staunen, was gibt es Besonderes?

Heutzutage sind viele Geschäfte und Büros sterile Funktionsräume ohne bleibenden Eindruck, ohne Individualität. Viele sehen von außen und von innen annähernd gleich aus. Machen Sie es anders, machen Sie es besonders, machen Sie es individueller – vielleicht sogar ein bisschen verrückt – und angenehm natürlich.

Können Sie sich vorstellen, dass Kunden beim Spazierengehen plötzlich auf den Gedanken kommen, bei Ihnen im Geschäft vorbeizuschauen, nur um Grüß Gott zu sagen, um sich wohlzufühlen, um ein wenig angenehme Unterhaltung zu haben? Wenn dafür kein Raum mehr ist, dann wird es eng fürs Geschäft, zumindest langfristig. Welches Erlebnis also können Sie bieten?

Ein paar Beispiele für Büros: Bringen Sie Leben ins Büro mit Pflanzen und Blumen. Machen Sie es dem Kunden so angenehm wie möglich. Bieten Sie ihm etwas zu trinken an. Für gute Kunden gibt es hin und wieder einen kleinen Gaumenschmaus, ein wirklich gutes Plätzchen oder eine Praline.

Radio und Fernsehen sind heute gute Hilfsmittel, um Hintergrundinformationen zur Animation und Unterhaltung zu liefern.

Richten Sie Ihr Büro nicht grau in grau ein, sondern überlegen Sie, inwiefern Sie mit Wandfarben, Bildern, Kunstwerken und ungewöhnlichen Einrichtungsgegenständen arbeiten können. Es gibt Hersteller, die sich auf haptische Möbelkollektionen spezialisiert haben. Unter www.haptik-moebel.com heißt es: »Optik und Haptik für ein gutes Wohngefühl: Unsere Umwelt ist durch die Aufnahme von Informationen über die fünf Sinne definiert. In der Auseinandersetzung mit den uns umgebenden Möbeln spielt die sinnliche Wahrnehmung die entscheidende Rolle. Vor allem das Sehen und Fühlen/Tasten sind Sinne, die einen maßgeblichen Einfluss auf unser Umfeld haben. So auch in unserem Wohnbereich, gerade dort ist es wichtig, dass das Auge und auch das Gefühl zufrieden sind.«

Aber es gibt noch weitere Möglichkeiten: Der bereits zitierte Hugo Kükelhaus ist für mich der haptischste Vorreiter, jedoch nicht im kommerziellen Sinne, sondern im pädagogischen. Am besten nehmen Sie sich die Zeit und machen sich auf den Weg nach Essen, da gibt es mittlerweile die feste Ausstellung »Erlebnisfeld« in der stillgelegten Zeche Zollverein 3/7/10. Wenn Sie einmal erlebt haben, wie die Menschen, egal ob jung oder alt, nach dem Aufenthalt auf dem Erlebnisfeld strahlen, und wenn Sie selbst das gleiche Gefühl haben, dann wissen Sie, welche Bedeutung der haptische Weg für die Menschen hat und warum Hugo Kükelhaus den Leitsatz prägte: »Mit den Sinnen leben.« Vielleicht haben Sie Lust, sich im Internet unter www.abenteuer-ruhrpott.com/frei_pha.html ausführlicher zu informieren.

Wenn Sie gerade in Essen sind, sollten Sie noch das Meteorit besuchen. Sie kommen aus dem Er-leben gar nicht mehr raus. André Heller hat mit dem Zirkus Roncalli, dann mit »FlicFlac« und mit »Begnadete Körper« die Zuschauer zum Staunen und Er-leben gebracht wie kein Zweiter. Die Ausstellung Meteorit ist das moderne Erlebnisfeld und eine unvergessliche Bereicherung.

Denken Sie auch an das Thema »Essen und Trinken«: Es ist vermutlich richtig, dass viele Entscheidungen im Zusammenhang mit einem Geschäftsessen getroffen werden. Es muss ja nicht immer gleich das opulente Essen im Toplokal sein. Es genügt schon das Glas Wasser oder Saft, die Tasse Kaffee oder Tee, das kleine Gebäck oder der Snack, je nachdem, um welchen Geschäftsumfang es sich handelt. Es gibt einen jüdischen Brauch, der dieses System nutzt. Die Jungen, die ihre religiösen Studien beginnen, werden in der Welt des Lernens sehr haptisch willkommen geheißen. Nachdem der Knabe das allererste Wort der Tora gelesen hat, bekommt er einen Löffel Honig oder eine Süßigkeit. Dieser Brauch soll gewährleisten, dass das Lernen immer mit Süße assoziiert wird.

Ich kenne Naturtalente, die zum Beispiel dem Kunden kurz vor dem Verlassen des Büros oder des Geschäfts noch einen kleinen Witz erzählen. Toll, wenn man das richtig gut kann, denn der Kunde verlässt das Büro oder Geschäft mit einem Lachen. Erstens macht ihm das selbst Spaß, und zweitens müssen vorbeigehende Passanten den Eindruck gewinnen, dass ein Besuch in dem Büro oder Geschäft Spaß macht.

Learning by doing
- Inwiefern können Ihre Räumlichkeiten dazu beitragen, dass Ihre Kunden angenehme Gefühle haben? Überlegen Sie, wie Sie Ihr Büro, Ihre Geschäftsräume oder Ihr Besprechungszimmer mit haptischen Mitteln zu einem »Wohlfühl-Raum« umgestalten können.

11 Die haptische Visitenkarte

Haptisch wird eine Visitenkarte in dem Moment, in dem sie den Kunden dazu bringt, eine Bewegung mit der Visitenkarte zu machen, die dann natürlich zu einem angenehmen Aha-Erlebnis führt. Dazu zählen:

Abbildung 34: Haptische Visitenkarten

- die Visitenkarte zum Aufklappen
- die Visitenkarte aus besonderem Papier oder anderen Materialen

- die Visitenkarte als Daten-CD, zum Beispiel mit der Internetseite
- die Visitenkarte mit geprägten Elementen
- die Visitenkarte als Aufkleber
- die Visitenkarte als Anfahrtsskizze
- die Visitenkarte, die beim Aufklappen eine Melodie von sich gibt. Das ist manchmal ein bisschen kitschig, aber es ist total verrückt, wie oft man diese Karte aufmacht, nur um diese Melodie noch einmal zu hören oder sich zu vergewissern, ob es immer noch funktioniert.
- Dann gibt es noch, ganz edel, die Visitenkarte als Papier-Etui mit vier oder fünf Karten drin, die verschiedene Leistungen beschreiben.

Die Visitenkarte muss zu Ihrem Image passen und Sie müssen sich mit der Visitenkarte identifizieren können. Wenn Sie eine Visitenkarte haben, die Sie selbst nicht gut finden, dann schießen Sie sich damit nur ins Knie. Mit ein bisschen Fantasie und Zeit lässt sich bestimmt auch für Sie eine haptische Visitenkarte kreieren.

12 Haptische Aus- und Weiterbildung

Es reicht heute einfach nicht mehr, in der Aus- und Weiterbildung nur Wissen zu vermitteln. Wissen ist nur das nötige Mittel, um eine Fähigkeit zu erlangen. Heutzutage ist Wissen leicht und einfach verfügbar. Gesucht werden jedoch nicht Menschen, die alles wissen, sondern solche, die etwas können. Nicht kennen, sondern können macht erfolgreich. Deshalb muss in der Aus- und Weiterbildung heute mehr denn je der Bezug zur Praxis, zur Umsetzung, beachtet werden.

> **Erkenntnis**
>
> Wissen verpflichtet zum Handeln.

Es ist auch wichtig, sich folgenden Bezug bewusst zu machen: In dem Moment, in dem ein Lernender eine Information wahrnimmt und für gut hält, nimmt er dieses Wissen in sich auf und verbindet es mit der Bewertung, gut zu sein. Lassen Sie folgende Reihenfolge einmal auf sich wirken und achten Sie bitte darauf, ob Sie dieser Reihenfolge so zustimmen können.

1. *»Gutes« Wissen* hat die Ambition zur Verwirklichung. Das bedeutet, der Mensch, der eine Information aufnimmt und als gut und richtig bewertet, stellt in sich die Weichen, dieses Wissen auch anzuwenden beziehungsweise umzusetzen.
2. *Tun*: Nun kommt die Umsetzung, die aufgenommene Information wird in der Praxis eingesetzt. Jetzt gibt es zwei mögliche Folgen:
   - *Erfolg*: Als Erfolg bezeichnen wir das Ergebnis, das wir erwartet haben.
   - *Als Misserfolg* bezeichnen wir das Ergebnis, das wir nicht erwartet haben. Misserfolg ist richtig verstanden nur ein unerwünschter Zwischenschritt zum Erfolg, unter der Vorraussetzung, dass wir das einzig Richtige mit einem Misserfolg machen: daraus lernen. Dann ist der Misserfolg nur ein kleiner Umweg zum Erfolg.
3. *Gutes Gefühl*: Erfolg macht Freude, weil es die persönliche Bestätigung ist, das Richtige gedacht und getan zu haben.

4. *Motivation*: Das gute Gefühl, erfolgreich gewesen zu sein, gibt Kraft. Gute Gefühle sind die Antriebskraft.
5. *Neue Taten*: Mit der Antriebskraft ist der Mensch nahezu gezwungen, wieder neues Wissen zu erwerben und neue Taten zu beginnen.

Es soll aber auch Menschen geben, die »gutes« Wissen aufnehmen und aus irgendwelchen Gründen nicht umsetzen. Dann folgt:

1. *Nicht(s) tun*: Die aufgenommene und für gut bewertete Information wird nicht verwirklicht. Die Möglichkeit Erfolg entfällt damit ersatzlos.
2. *Misserfolg*: Etwas nicht zu tun, ist auf jeden Fall immer ein Misserfolg. Man könnte daraus lernen und ins Tun überwechseln, aber meistens bleibt es beim Nichtstun.
3. *Schlechtes Gewissen*: »Gutes« Wissen nicht umzusetzen, hat immer ein mehr oder weniger schlechtes Gewissen zur Folge. Wissen erzeugt immer auch Gewissen. Also von wegen: »Wer nichts tut, macht auch keine Fehler.«!
4. *Schlechtes Gefühl*: Ein schlechtes Gewissen erzeugt ein schlechtes Gefühl. Ein schlechtes Gefühl bedrückt, schlimmstenfalls erdrückt es.
5. *Demotivation*: Ein schlechtes Gefühl bedrückt, schlimmstenfalls erdrückt es die Antriebskraft.
6. *Wieder nicht(s) tun*: Ohne Antriebskraft ist der Mensch nicht in der Lage, etwas anzupacken.
7. *Frustration*: die schlechteste Lösung mit fast immer bösem Ende.

Es gibt eine Lösung, aus dem Teufelskreis herauszukommen. Es ist nicht möglich, alles, was man gut findet, relativ zeitnah umzusetzen. Wenn Sie merken, dass Sie ein schlechtes Gewissen haben, befreien Sie sich, indem Sie sich entscheiden, eine Idee, die Sie für gut befunden haben, nicht umzusetzen. Das bedeutet, Sie entscheiden sich willentlich, dass Sie dies oder jenes, obwohl sie es gutfinden, nicht tun. Dadurch, dass Sie sich bewusst dagegen entscheiden, vermeiden Sie den nächsten Schritt zum schlechten Gefühl.

Erkennen Sie, dass Sie nicht alles umsetzen können, und entscheiden Sie sich nur für das, was Sie auch wirklich machen wollen und können. Weniger ist hier oft mehr. Viele Hasen sind des Jägers Tod. Am besten fragen Sie sich, bevor Sie ein neues Vorhaben beginnen, ob Sie auch bereit sind, es bis zum erfolgreichen Ende durchzuziehen – dann fallen einige spontane Ideen schnell unter den Tisch. So befreien Sie sich von unnötigem Ballast. Wenn in der Aus- und Weiterbildung jede Wissensvermittlung

Gefahr läuft, in Frustration zu enden, dann wächst die Verantwortung für alle Beteiligten noch mehr, auf die zeitnahe Umsetzung in der Praxis zu achten.

12.1 Die Lernunterlagen

Die besten Unterlagen sind keine Unterlagen. Die besten Unterlagen sind die, die der Lernende selbst erstellt: »Learning by doing«. Es gibt so viele bunte, tolle und teure Unterlagen, die in Aus- und Weiterbildungsmaßnahmen ausgehändigt werden. Und was machen die meisten damit? In den Schrank stellen. Es mag sich jetzt ein wenig verrückt anhören, aber jeder Lernende lernt am meisten, wenn er es macht, das heißt, es wäre ideal, wenn der Trainer seinen Teilnehmern die schriftlichen Unterlagen diktieren würde. Aber das dauert lange und hat, je nach dem Umfang, die Ermüdung der Schreibhand zur Folge. Vielleicht ist auch hier wieder der beste Weg in der Mitte zu finden: Fertige Teile aushändigen, die wichtigsten Passagen schreiben lassen und viel zum freien Mitschreiben animieren.

12.2 Haptische Lernkarten

Jeder Wissensstoff lässt sich in Einzelfragen und -antworten zerlegen, egal ob es sich um versicherungsfachliche Informationen, um Informationen aus dem Betriebsverfassungsrecht oder um Informationen aus der Lernpsychologie handelt. Nicht nur in Prüfungen werden Wissensfragen gestellt, die vom Prüfling zu beantworten sind. Solche Fragen ergeben sich noch viel häufiger im täglichen (Berufs-)Leben, zum Beispiel die Kundenfrage: »Welche Vorteile hat es denn für mich, wenn …?« Haptische Lernkarten sind nicht dafür gedacht, Lerninhalte einmalig zu präsentieren, sondern das Wiederholungs-Lernen erheblich zu erleichtern! »Die Wiederholung ist die Mutter des Lernprozesses!«

Die Vorteile von haptischen Lernkarten fangen schon bei der eigenen Herstellung an, darüber hinaus sind sie sinnvoll, weil

- sie dem Lernenden eine Selbstbefragung ermöglichen. Dies bedeutet einen deutlich höheren Lernwert.
- sie die Praxissituation simulieren. Auch im täglichen Leben könnte jemand zum Beispiel fragen: »Welche Vorteile habe ich denn von …?« Oder: »Was passiert, wenn …?«
- die überlegte Antwort sofort mit der Musterlösung auf der Rückseite vergleichbar ist.

- richtige Lösungen als motivierende Erfolgserlebnisse (Lern-Verstärkungen) empfunden werden und Fehler oder Nichtwissen als Ansporn wirken, sich auch diese betreffenden Inhalte noch anzueignen.
- der Lernende aussortieren kann, was er schon gut beherrscht. Der Lernende kann sich also auf diejenigen Teile des Lerninhaltes beschränken/konzentrieren, die er nochmals wiederholen sollte.
- ihre einfache Handhabung Lernspaß aufkommen lässt. Ein Päckchen Lernkarten kann man immer in der Tasche bei sich haben.
- sie ein sehr preiswertes Hilfsmittel sind, den Anteil des selbst gesteuerten Lernens zu erhöhen.

Wiederholungs-Lernen im Handumdrehen

Lernkarten sind ein ideales Medium, um durch Wiederholung zu lernen. Schon die eigene Herstellung von solchen Lernkarten ist der halbe Lernvorgang. Der besondere Effekt von Lernkarten ist, dass Ihnen kein Thema aus den Händen gleitet. Solange die Karte physisch vorhanden ist, wird der Lernende immer wieder daran erinnert. Gerade beim Training von Verkaufsmethoden geraten nach einem Seminar häufig einige gute Ideen in Vergessenheit. Dagegen helfen am besten Lernkarten.

Jedes zu lernende Thema kommt auf eine Lernkarte mit Regeln und Beispielen. Und nun ein ganz einfacher Trick: Legen Sie die Karten an Ihren Arbeitsplatz und nehmen Sie jeden Tag eine neue Karte. Lernen Sie kurz den Inhalt und dann nehmen Sie sich vor, an diesem Tag ganz besonders auf dieses Thema zu achten. Am nächsten Tag holen Sie sich eine neue Karte mit einem neuen Thema und so lernen Sie Tag für Tag. Nun zu den Lernkarten im Einzelnen:

1. Lernkarten dienen dem besonders rationellen und wirkungsvollen Wiederholungs-Lernen: Sie setzen voraus, dass sich der Lernende zuvor bereits mit dem Lerninhalt auseinandergesetzt hat, zum Beispiel innerhalb einer Schulungsveranstaltung, anhand von Fachbüchern, anhand etwa von Lehrbriefen.
2. Die Antworten auf den Rückseiten der Lernkarten sind meist umfassender formuliert, als es die Fragen auf den Vorderseiten erfordern. Dadurch wird es dem Lernenden erleichtert, sich an den Zusammenhang zu erinnern, in dem der betreffende Lerninhalt vermittelt worden ist. Das hilft, den soeben wiederholten Inhalt leichter abzuspeichern! Um die erinnerten Antworten schneller mit den Musterlösungen vergleichen zu können, empfiehlt es sich, die Schlüsselinfor-

mationen und Sinnträgerbegriffe auf den Rückseiten der Lernkarten farblich hervorzuheben!
3. Ein Lernender kann das Frage-Antwort-Prinzip für sich allein oder zusammen mit Lernpartnern nutzen. Meist erhöht das als spielerisch empfundene gegenseitige Abfragen die Lernmotivation. Es gibt sehr erfolgreich vermarktete Gesellschaftsspiele mit vergleichbaren Karten!
4. Sofern eine größere Anzahl von Lernkarten zu bearbeiten ist, empfiehlt es sich, den speziellen Lernkarteikasten (Lernbox) zu verwenden: Damit ist es sehr einfach, die Karten dem individuellen Lernfortschritt entsprechend zu bearbeiten, nämlich bereits verinnerlichtes Wissen nur noch in immer größer werdenden Zeitabständen zu wiederholen.

12.3 Rollenspiele: Bezug zur Praxis herstellen

Zu einem guten Training gehören Rollenspiele, um den Bezug zur Praxis zu schaffen. Es gibt in der Weiterbildungsbranche viele Meinungen, welche Art von Rollenspiel besonders erfolgreich ist. Man kann darüber lange streiten – auf jeden Fall ist die Lernstufe wesentlich. Die folgenden Punkte sollen Sie überzeugen beziehungsweise zur Anregung dienen:

- Rollenspiele sollten in Gruppen bis maximal 20 Personen stattfinden.
- Jeder in der Gruppe sollte selbst einmal vorne das »Opfer« sein.
- Der Trainer sollte den Kunden spielen, um den Verkäufer auf individuelle Schwächen und Stärken aufmerksam zu machen. Wobei es einem guten Trainer natürlich darum geht, die Teilnehmer aufzubauen und nicht zu demontieren. Deshalb ist für Gruppen, die wenige Rollenspiele durchführen oder nur ein sehr kurzes Training mitmachen, Video nicht empfehlenswert, da diejenigen, die sich das erste Mal per Video sehen, hören und erleben, erst einmal nicht begeistert von sich selbst sind.
- Das Rollenspiel sollte so praxisnah wie möglich sein.
- Das Rollenspiel sollte pro Person nicht länger als drei bis vier Minuten dauern.
- Zum Schluss sollte man nicht den Fehler stehen lassen, sondern die Lösung in den Raum stellen.
- Wenn der »Verkäufer« vorne im Rollenspiel durch zu viel Stress zu viele Fehler macht, sollte er von einem anderen, den der Trainer bestimmt, abgelöst werden. So muss jeder gut aufpassen, weil er jederzeit »gleich dran sein« kann.

- Während der Rollenspielzeit sollten die Plätze öfters getauscht werden, um eine bessere Gruppendynamik zu erreichen.

Da die Gruppe einen gewissen Leistungsdruck auf denjenigen, der vorne steht, ausübt, muss der Trainer berücksichtigen, dass der Verkäufer vorne durch Stress im Gehirn nicht lernen kann, er ist durch den Druck in seinen Möglichkeiten begrenzt. Er ist nicht der Lernende, sondern die Gruppe lernt durch ihr eigenes Mitdenken, wie man es besser machen könnte. Die Gruppe lernt in einer großen Geschwindigkeit.

Video ist für professionelles Training bei Fortgeschrittenen nicht wegzudenken, weil nur so die »kleinen« Fehler auffallen. Aber auch hier sollten die oben erwähnten Punkte berücksichtigt werden.

Beim »Business Theater« schließlich werden Lerninhalte mithilfe eines Theaterstücks dargeboten. Einfaches Beispiel: Die Philosophie der »Kundenorientierung« wird in einem Theaterstück dramatisiert und in seiner Problematik dargestellt, um Mitarbeiter hautnah im Umgang mit Kunden zu schulen.

12.4 Audio-Learning

Mit der heutigen modernen Technik ist es wirklich viel einfacher geworden. Mit Audio-Learning ist die eigene Herstellung einer Audio-Kassette, CD oder eines Audiotapes auf dem Computer gemeint. Wenn ein Lernender sich selbst ein solches Medium erstellt, dann muss er dazu folgende Schritte tun:

- *Lernschritt 1:* Er schreibt den Text, den er sprechen will, auf.
- *Lernschritt 2:* Er spricht den Text auf und ist in den seltensten Fällen damit sofort zufrieden. Er kontrolliert das Gesprochene und spricht einzelne Passagen neu, bis der Text, die Betonung und der Gesamtausdruck akzeptabel sind.
- *Lernschritt 3:* Durch wiederholtes Anhören prägt sich der Inhalt mehr und mehr ein – das Unterbewusstsein glaubt der eigenen Stimme mehr als einer fremden Stimme.

Durch die Lernschritte 1 und 2 ist schon die »halbe Miete« eingefahren. Wer also schnell viel lernen will, sollte diesen Weg gehen. Im idealen Training sollten genügend Technik und Zeit zur Verfügung stehen, diese Arbeit zu machen.

12.5 Haptik, Informationsaustausch und Wissensvermittlung

Natürlich gibt es weitere Ideen, haptische Elemente in Lernprozesse einzubauen und für eine effektive Wissensvermittlung zu nutzen:

- Lernprozesse werden mithilfe von Materialien unterstützt: Der als ausbaufähig erkannte und notwendige Vertrauensaufbau zum Kunden wird haptisch repräsentiert, indem sich zwei Mitarbeiter Rücken an Rücken lehnen und gegenseitig stützen. Das funktioniert nur, wenn man sich vertraut. Dies erfahren die Mitarbeiter am eigenen Leib. Die Lernerfahrung übertragen sie dann auf ihre Kundengespräche.
- Klar ist: Wissen kann auf Film, auf Papier, aber auch auf Audio-CDs abgespeichert werden. Wichtig ist, im Lernprozess zu berücksichtigen, mit welchem Lerntyp man es zu tun hat: Der visuelle Lerntyp nutzt den Film oder das Buch – er sucht die körperliche Berührung mit dem Buch –, der auditive hingegen die CD. Dem haptischen Lerntyp macht es Spaß und Freude, wenn er Dinge in die Hand nehmen kann. Er lernt am besten, wenn er Dinge im wahrsten Sinne des Wortes »begreifen« kann. Wenn es gelingt, den Lerner auf seinem spezifischen Sinneskanal anzusprechen, erhöht sich der Lernerfolg.
- Viele Unternehmen nutzen im Rahmen der Weiterbildung Outdoortrainings: In einem Kletterpark wird etwa der Nutzen des Teamgedankens und die Notwendigkeit, sich auf die Kollegen verlassen zu können und selbst Vertrauen zu erwecken, erleb- und spürbar. Solche »hautnahen« Erlebnisse sind für viele Menschen etwas Außer- und Ungewöhnliches: Diese Art der Erfahrung ist häufig verschüttet – oft stellt es ein vollkommen neues Erlebnis dar, etwa auf einem sogenannten Barfußwanderweg oder in einem »Park der Sinne« mit den bloßen Füßen verschiedene Gesteinsuntergründe, Schlammstrecken und Wasserwege zu erfühlen, zu ertasten und haptisch zu erleben.
- Führungskräfte, Trainer und Ausbilder – alle Menschen, die für die Wissensvermittlung verantwortlich zeichnen – nutzen die haptische Sprache: »Das Konzept hat Hand und Fuß«, »Begreifen und erfassen Sie, dass …«, »Es wird Sie tief beeindrucken« und »Erfahren Sie am eigenen Leib wie …«

Learning by doing
- Welche Möglichkeiten haben Sie, Ihre Lernprozesse und Weiterbildungsaktivitäten mithilfe haptischer Ideen zu professionalisieren?

13 Haptische Verkaufssoftware – Den Kunden zum Mitmachen bewegen

Die haptische Verkaufssoftware ist ein Dialogsystem zwischen dem Kunden und dem Verkäufer. Der Verkäufer wird mit der haptischen Verkaufssoftware alleine nichts erreichen, und der Kunde soll mit der haptischen Verkaufssoftware alleine nicht zurechtkommen. Er braucht den Verkäufer als Moderator und Hilfesteller.

Eine haptische Verkaufssoftware ist die Software, die sich über den Laptop oder PC des Verkäufers an den Kunden wendet. Sie ist also auf die Bedürfnisse und Denkweise des Kunden zugeschnitten. Dieses Verkaufsprogramm soll den Kunden über Neugier in einen Dialog führen, der letztendlich immer ans gewünschte Ziel führt, jedoch nicht zwingend linear verläuft wie viele Präsentationen, die dann zum typisch passiven Fernsehverhalten führen, sondern frei beweglich im gesamten Programm, sodass der Kunde mit dem Verkäufer jederzeit von jeder Stelle an jede andere Stelle springen kann. Das bedeutet natürlich für den Verkäufer, dass er sich in dem Programm auskennen muss, um den Kunden situationsgerecht an die richtige Stelle zu führen.

Eine haptische Verkaufssoftware ist ein Programm, das Einwände des Kunden typ- und gehirngerecht behandelt, weil die meisten Spontangedanken (siehe Beispiel Assoziationsverhalten) des Kunden vom Programm treffend beantwortet werden. Gehirngerecht bedeutet, der Kunde bekommt alle Informationen für die linke und für die rechte Gehirnhälfte. Für die linke Gehirnhälfte gibt es Statistiken, Zahlen und sachliche Argumente, für die rechte Gehirnhälfte gibt es Bilder, Grafiken, Volksweisheiten, bildhafte Vergleiche.

Es ist wichtig, noch einmal zu betonen, dass eine haptische Software einen Dialog zwischen Verkäufer und Kunde erzeugt und fördert, sie ist keine Software, die einen Verkäufer ersetzen soll oder nur für den Verkäufer ist.

Die Computer der heutigen Zeit werden immer haptischer und kundenorientierter. Dabei ist besonders die rasante Entwicklung der Touchscreens zu begrüßen, die noch lange nicht abgeschlossen ist. Früher waren

Abbildung 35: Touchscreen-Bild

Touchscreens exotische und teure Mensch-Maschine-Schnittstellen für High-Tech-Anwendungen, wie zum Beispiel in der Flugsicherung oder der Steuerung von Kernkraftwerken. Diese Zeiten sind vorbei! Unternehmen in einem breiten Spektrum von Branchen haben sich die Leistungsfähigkeit der Touch-Technologie für eine Vielzahl von Anwendungen nutzbar gemacht. Mit einem Touchscreen und einer guten Bedienungsführung kann der Kunde sehr einfach durch interessiertes Berühren seine »eigenen« Erfahrungen machen. Dadurch, dass die LCD-Monitore den klassischen großen Bildschirm rasant verdrängen, werden die Touch-Lösungen auch immer schneller und häufiger im Außendienst zu finden sein.

Die neuen Entwicklungen in diesem Segment sind sehr vielversprechend. Denken Sie nur an das iPhone von Apple und all die Applikationen, die sich auch für den Verkaufsprozess einsetzen lassen. Einfaches Beispiel: Ein großes Unternehmen erstellt eine Applikation, mit der es dem Kunden möglich ist, den Standort der nächstgelegenen Zweigniederlassung dieses Unternehmens zu erreichen – in welcher Stadt auch immer er sich gerade aufhält.

Um zu verdeutlichen, mit welch rasanter Entwicklung Sie als Verkäufer in Zukunft noch zu rechnen haben, hier ein paar Beispiele: Der Kommunikationswissenschaftler Alexander Gruber hat eine Fernbedienung entwickelt, die ganz ohne Knöpfe auskommt, dafür aber mit Gesten gesteuert wird. Das heißt: Der körpersprachliche Kontakt mit dem Kunden gewinnt eine ganz neue Dimension.

Und auch die neuartige Touchscreen-Fernbedienung der Firma Logitech hilft Ihnen dabei, den Kunden »mal selbst ranzulassen« und den haptischen Dialog zwischen ihm und Ihnen zu intensivieren. Bei der

Entwicklung der Logitech-Fernbedienung wurden die neuesten Ergonomie- und Nutzerfreundlichkeits-Studien berücksichtigt. Mit einem intuitiven, berührungssensitiven Farbbildschirm ausgestattet, kann der Kunde überdies Home-Entertainment wie nie zuvor erleben.

Trendforscher kommen zu dem Ergebnis, dass wir uns vom Point of Sales zum Point of Touch entwickeln. »Fass mich an« – so lautete Anfang 2009 die Überschrift eines Artikels im Handelsblatt über den Megatrend Tastsinn-Marketing. Zwei interessante Studien sind darin ausgeführt: Konsumforscher haben Mineralwasser verkosten lassen: ein Mal im Pappbecher und ein Mal im Glas. Das gleiche Wasser schmeckte den Testpersonen im Glas besser, weil der Tastsinn unbewusst eine höhere Wertigkeit über das Glas vermittelte. Und schließlich konnte eine Marketingprofessorin beweisen, dass Waren, die angefasst werden können, meist positiver und wertvoller beurteilt werden.

Learning by doing
- Wie ist es möglich, den Dialog mit dem Kunden haptisch zu gestalten?
- Können Sie die Erkenntnisse der »Touch«-Forschung für Ihre Verkaufsgespräche nutzen – und wenn ja, wie?

14 Virtuell haptisch

Virtuell haptisch ist alles, was den Kunden in Bewegung versetzt und ihn aktiviert, jedoch nicht direkt erfahrbar ist, sondern in Gedanken eine Aktion erzeugt.

14.1 Mit W-Fragen berühren

W-Fragen sind »öffnende Fragen«, weil der Kunde durch eine W-Frage sich in den meisten Fällen öffnen muss. Die W-Fragen sind ein Instrument, um den Kunden zu aktivieren, selbst etwas zu sagen, selbst etwas mitzuteilen. Dadurch erkennt der Verkäufer schneller den Standpunkt seines Kunden und kann so gezielt das Verkaufsgespräch lenken und führen.

Beispiele: wer, wie, was, wieso, weshalb, warum, wo, wodurch, weswegen, woher, wohin und viele andere.

Viele negative Kundenäußerungen sind oft nur spontan ins Gespräch geworfene Argumente oder Gefühlsmitteilungen, die gar nicht wirklich so gemeint sind beziehungsweise dazu dienen, das Geltungsbedürfnis des Kunden zu befriedigen. Wenn der Verkäufer nach einer solchen Äußerung mit einer W-Frage reagiert, muss er sich nicht wundern, wenn er diesen Standpunkt verhärtet. Denn nach einer W-Frage sucht der Kunde nach Gründen, um sein Gesicht nicht zu verlieren. Dadurch wird aus einer unbegründeten Spontanäußerung des Kunden eine Meinung, die sein Verhalten zementiert. W-Fragen sind bei Vorwürfen oder Einwänden und sonstigen negativen Äußerungen des Kunden absolut tödlich.

Ganz hervorragend sind W-Fragen, nachdem der Kunde etwas Positives gesagt hat. Beispiel: »Ich interessiere mich für ein Angebot von Ihnen. Das würde mir schon zusagen. Ja, daran habe ich auch schon mal gedacht.« Nach solchen Aussagen des Kunden setzt der Verkäufer sofort W-Fragen ein.

Beispiele: Wie kommen Sie darauf? Wieso sind Sie dieser Meinung? Welches sind Ihre Gründe dafür? Was möchten Sie dadurch erreichen?

> **Erkenntnis**
> Durch die W-Frage in die positive Richtung verkauft sich der Kunde die Ware selbst, und der Verkäufer erfährt durch konzentriertes Zuhören die wahren Beweggründe des Kunden.

Dem Verkäufer ist es darüber hinaus jederzeit durch gezielte W-Fragen möglich, den Kunden in eine positive Richtung zu bewegen. Zum Beispiel:

- Was hat Ihnen bisher am besten gefallen?
- Welche Anforderungen stellen Sie an …?
- Welche Wünsche haben Sie, wenn Sie …?
- Welche Erwartungen haben Sie …?
- Was wünschen Sie sich von einer …, um Ja zu sagen?

Motto: Wer fragt, der führt! Fazit: Bei positiven Bemerkungen setzt der Verkäufer sofort gezielt die W-Fragen ein, um den Kunden in die richtige Richtung zu führen – jedoch nie bei negativen Äußerungen.

14.2 Kunden mit Hypothesen ergreifen

Eine Hypothese ist eine Scheinannahme, also eine Traumvorstellung, eine reine Fantasie. Fantasie und Träume sind für den Menschen lebenswichtig. Gerade in der heutigen Zeit versuchen viele Menschen gern, aus der scheinbar harten Realität in eine Traumwelt zu flüchten.

Wie wichtig Träume sind, zeigte eine Untersuchung in der Mayo-Klinik, wo Traumspezialisten folgenden Test gemacht haben: Menschen, die ihren ganz normalen Alltag draußen lebten, kamen nachts in die Mayo-Klinik zum Schlafen. Sie erhielten ein EEG, um die Hirnstromfrequenzen zu messen. Sobald man erkennen konnte, dass der Schlafende in eine Traumphase kam, wurde er so sanft, so nett, wie es irgendwie geht, ganz kurz geweckt, um dann sofort weiterschlafen zu dürfen. Durch dieses Wecken sollte nur der Traum, die sogenannte REM-Phase, unterbrochen werden.

Die Phase heißt **R**apid **E**ye **M**ovement, weil sich die Augen in der Traumphase unter den geschlossenen Lidern sehr rasch bewegen. Der Test verlief so, dass die Menschen zunächst etwas nervös wurden, dann gereizt, später aggressiv. Spätestens nach sieben bis neun Tagen musste abgebrochen werden, weil keiner das mehr aushielt. Die Menschen wurden derartig aggressiv, dass es gefährlich wurde. Der Traum ist also ein lebenswichtiges Aufräumen im Gehirn. Gerade in der heutigen Zeit versuchen immer mehr Menschen, sich aus den scheinbar harten Realitäten des täglichen Lebens in eine Traumwelt zu flüchten.

Bitte machen Sie bei dem folgenden Experiment mit, um zu sehen, wie stark die Hypothese im Verkauf wirkt und warum eine gute Hypothese virtuell haptisch ist.

> **Ein kleines Beispiel**
>
> Ein Mädchen steht vor einem Fahrradgeschäft und verliebt sich total in ein Kinderfahrrad. Es quengelt und bittet und bettelt, um dieses Fahrrad zu bekommen. Aber die Eltern können beziehungsweise wollen nicht. Nach langem Hin und Her sagen die Eltern: »Sibylle, es tut uns Leid, wir können dir das Fahrrad nicht kaufen, wir haben dafür im Moment kein Geld, aber sobald wir Geld haben oder spätestens zu Weihnachten, da kaufen wir dir das Fahrrad!« Und Sibylle freut sich und hüpft und wiederholt immer wieder: »Jippi, ich bekomm ein Fahrrad!« Der Traum, das Fahrrad zu bekommen, ist der Rettungsanker, zufrieden zu sein.

Gehen Sie bitte bei folgendem Gedankenspiel mit: Stellen Sie sich vor, Sie sind zu Hause, zum Beispiel im Flur. Sie gehen nun in Ihrer Fantasie in die Küche. Stellen Sie sich vor, Sie öffnen den Kühlschrank. Sie sehen in Ihrem Kühlschrank eine frische gelbe Zitrone. Sie nehmen diese Zitrone heraus und schauen sie sich an. Sie sehen die Poren, sie ist prall, sie ist frisch, sie ist knackig gelb, das ist wirklich eine saure Zitrone – und nun beißen Sie in diese Zitrone richtig herzhaft hinein.

Gut, danke. Was ist passiert? Wahrscheinlich und hoffentlich konnten Sie, je nachdem, wie intensiv Sie sich auf diese Situation eingelassen haben, eine Speichelwirkung spüren, sie konnten spüren, wie Ihnen das Wasser im Mund zusammengelaufen ist.

Und das ist nicht in Wirklichkeit passiert, das war nur die bildhafte intensive, mit Gefühlen und Emotionen angereicherte Hypothese. Das war nur eine Vorstellung. Diese bildhaften Vorstellungen wirken jedoch direkt auf unseren Körper, weil unser Gehirn im Areal der bildhaften Vorstellungen eine Pipeline zum Bewegungskortex hat. Der Körper simuliert nur in der Fantasie die Möglichkeit der Bewegung, und diese Gedanken lösen die entsprechenden Körperreaktionen aus. Es ist fast wie in der Wirklichkeit, und deshalb ist der Begriff »virtuell haptisch« hier angemessen.

Die hypothetische Methode ist also eine sehr interessante und starke Verkaufsmethode. Hypothesen beginnen mit folgenden Formulierungen:

- Einmal angenommen …
- Nur mal so als Gedanke …
- Gesetzt den Fall …
- Bitte stellen Sie sich einmal vor …
- Versetzen Sie sich mal bitte in folgende Lage …

Dann macht der Verkäufer eine Pause von drei (21, 22, 23) Sekunden, damit das Hirn des Kunden sich auf Aufnahme einstellen kann, und nun folgt für den Hörer eine Hypothese. Hierbei ist zu beachten, dass diese Hypothese angenehm ist und nicht zu konkret ist. Denn: Je konkreter ein Bild oder eine Vorstellung vom Verkäufer beschrieben wird, desto eher wird dieses Bild für den Kunden nicht zutreffend sein. Der Kunde wird dieses Bild nicht annehmen, weil es nicht sein Bild ist. Also bleiben Sie in den Formulierungen lieber in den unkonkreten Beschreibungen, dann passt es auch beim Kunden.

Die Formulierungen »Einmal angenommen«, »Nur mal so als Gedanke«, »Stellen Sie sich bitte nur einmal vor« lösen beim Kunden bestimmte Reaktionen aus:

- Der Verkäufer tut mir nichts.
- Der Verkäufer widerspricht mir nicht.
- Es geht in Wirklichkeit um nichts.

Dadurch wird der Kunde neugierig und offen. Durch diese Hypothese öffnet sich der Kunde, er geht in seiner Fantasie mit. Nun hat der Verkäufer die Möglichkeit,

- sehr schnell und einfach ins Langzeitgedächtnis und damit in die Entscheidungszentrale des Kunden zu gelangen und
- direkte Wirkungen im Körper des Kunden zu erzielen.

Angenommen, Sie hätten jetzt im Moment ein klein wenig Appetit und jemand würde Ihnen in den schillerndsten Worten Ihre Lieblingsspeise beschreiben. Gehen Sie ein wenig auf diese Beschreibung in Ihrer Fantasie ein, dann werden Sie Appetit beziehungsweise Hunger bekommen und dann wollen Sie auch essen.

Lassen Sie den Kunden im Gespräch erleben, was er davon hat, Ihr Produkt zu kaufen und zu besitzen.

> **Erkenntnis**
>
> Das menschliche Unterbewusstsein wie auch der Körper können zwischen einer Hypothese und der Realität nicht unterscheiden.

14.3 Kunden mit bildhafter Sprache mit auf die Reise nehmen

Sie wissen, bildhafte Vorstellungen werden in der rechten Gehirnhälfte des Menschen verarbeitet. Sie haben klar erkannt, dass nur die Informationen, die in das Langzeitgedächtnis des Kunden gelangen, für die Kaufentscheidung von Bedeutung sind. Des Weiteren ist es wichtig zu wissen, dass der Kunde den Aussagen des Verkäufers eher skeptisch gegenübersteht, weil er automatisch denkt: »Der muss ja so reden, weil er mir was verkaufen will.«

> **Erkenntnis**
> Je bildhafter der Verkäufer spricht, umso schneller wird der Kunde überzeugt, weil die Informationen über die rechte Gehirnhälfte direkt in das Langzeitgedächtnis des Kunden gelangen und dort als richtig erkannt werden. Die bildhafte Sprache hat eine direkte Auswirkung auf das Gefühl.

Es gibt drei verschiedene Formen bildhafter Sprache:

1. Bildhafte Ausdrücke: den Nagel auf den Kopf treffen, das Gelbe vom Ei
2. Volksweisheiten: Volksweisheiten sind allgemein bekannt und werden immer als richtig eingestuft.
3. Geschichten, bildhafte Vergleiche, Witze

Die Überzeugungskraft liegt in der bildhaften Sprache. Seit Hunderten von Jahren wird das immer und immer wieder durch die Überlieferung von Geschichten bestätigt. Gleichnisse, Geschichten, Märchen und Ähnliches gehen sofort in das Langzeitgedächtnis und bleiben dort. Diese bildhafte Sprache wirkt bei allen Menschen gleichermaßen gut. Würzen Sie Ihr Verkaufsgespräch damit, denn das ist das Salz in der Suppe. Die Aussagen des Verkäufers werden »merk-würdiger« und der Kunde erkennt viel schneller wichtige Zusammenhänge. Übrigens: Volksweisheiten und bildhafte Vergleiche eignen sich auch bestens zur Einwandbehandlung. Jeder Verkäufer wendet die bildhafte Sprache intuitiv an. Der professionellere Verkäufer arbeitet mit der bildhaften Sprache nicht nur aus dem Bauch, sondern er verfügt über eine umfangreiche Sammlung an Ausdrücken, die er konsequent im Verkaufsgespräch einsetzt.

- *Beispiele für bildhafte Sprache sind*: Alles auf eine Karte setzen. Alles über einen Kamm scheren. Alles unter einen Hut bringen. Allzu straff gespannt zerspringt der Bogen. Am seidenen Faden hängen. An den Fingern abzählen. An den Haaren herbeiziehen. Arm wie eine Kirchenmaus. Auf Biegen und Brechen. Auf den Leim gehen. Auf den Busch klopfen. Auf des Messers Schneide. Auf Herz und Nieren prüfen. Auf Rosen gebettet sein. Auf Sand gebaut. Aus dem Regen in die Traufe kommen. Aus dem Vollen schöpfen. Aus einer Mücke einen

Elefanten machen. Bei der Stange bleiben. Das fünfte Rad am Wagen sein. Das Gras wachsen hören. Das Hemd ist näher als der Rock. Das ist ein zweischneidiges Schwert. Das Mäntelchen nach dem Wind hängen. Das Pferd beim Schwanz aufzäumen. Den Brotkorb höher hängen. Den Letzten beißen die Hunde. Den Nagel auf den Kopf treffen. Der Apfel fällt nicht weit vom Stamm. Der Krug geht zum Brunnen, bis er bricht. Der Zweck heiligt die Mittel. Des Pudels Kern. Die Gelegenheit beim Schopf fassen. Die Kastanien aus dem Feuer holen. Die Rechnung ohne den Wirt machen. Die Spatzen pfeifen es von allen Dächern. Die Zunge verbrennen. Doppelt genäht hält besser. Ein Dorn im Auge. Ein Haar in der Suppe finden. Eine Hand wäscht die andere. Ein Lied davon singen. Ein schweres Geschütz auffahren. Einen Stein im Brett haben. Ein X für ein U vormachen. Erst die Arbeit, dann das Vergnügen. Es wird nicht alles so heiß gegessen, wie es gekocht wird. Farbe bekennen. Frei wie ein Vogel im Wind. Gegen den Strom schwimmen. Gegen Windmühlenflügel kämpfen. Gierig wie ein Schwamm aufsaugen. Große Ereignisse werfen ihre Schatten voraus. Hand aufs Herz. Hecht im Karpfenteich. Hohe Bäume werfen lange Schatten. Holz in den Wald tragen. In der Nacht sind alle Katzen grau. In die Röhre gucken. In ein Wespennest stechen. Ins eigene Fleisch schneiden. Ins Schwarze treffen. Jungen Wein in alte Schläuche füllen. Kastanien aus dem Feuer holen. Die Katze im Sack kaufen. Klappern gehört zum Handwerk. Man soll den Tag nicht vor dem Abend loben. Mit allen Wassern gewaschen. Mit dem Kopf durch die Wand. Mit den Wölfen heulen. Mit einem blauen Auge davonkommen. Mit Kanonen auf Spatzen schießen. Munter wie ein Fisch im Wasser. Nicht mitten im Strom die Pferde wechseln. Nur wer gegen den Strom schwimmt, kommt zur Quelle. Papier ist geduldig. Reden ist Silber, Schweigen ist Gold. Schwarz auf weiß. Schwarz wie die Nacht. Segeln unter falscher Flagge. Sich nach der Decke strecken. Sich an einen Strohhalm klammern. Sich nicht die Butter vom Brot nehmen lassen.

- *Beispiele für Volksweisheiten sind*: Allen glauben ist zu viel, keinem glauben ist zu wenig. Alte Häuser und junge Mädchen brennen leicht. Aus leeren Säcken kann niemand Geld zählen. Aus ungelegten Eiern schlüpfen keine Hühner. Bei gutem Wetter kann jeder Steuermann sein. Der Flicken muss größer sein als das Loch. Die besten Gedanken kommen immer hinterher. Die dicksten Früchte hängen immer am höchsten. Die erste Kälte empfindet man am meisten. Die schlechtesten Früchte sind es nicht, woran die Wespe nagt. Ehrlich währt am längsten. Ein fauler Apfel steckt hundert andere Äpfel an. Ein Loch

im Dach verdirbt das ganze Haus. Eine Kette ist nur so stark wie ihr schwächstes Glied. Eine Krähe hackt der anderen kein Auge aus. Eine Schwalbe macht noch keinen Sommer. Erst wenn das Kind in den Brunnen gefallen ist, deckt man den Brunnen zu. Es ist nicht jeder ein Jäger, der einen grünen Rock trägt. Es wohnt mancher im Kloster, der kein Mönch ist. Gesundheit ist der größte Reichtum. Gut Ding will Weile haben. Gute Saat bringt gute Ernte. Hast du was, bist du was. Je schöner die Wirtin, desto teurer der Wein. Karge Aussaat, spärliche Ernte. Kleinvieh macht auch Mist. Lügen haben kurze Beine. Man muss das Eisen schmieden, solange es heiß ist. Man muss mit Pfennigen anfangen, wenn man mit Talern aufhören will. Man muss nie nachrechnen, was guter Kohl gekostet hat. Manch einer greift erst zum Kamm, wenn er keine Haare mehr auf dem Kopf hat. Mit Speck fängt man Mäuse. Nur wer sät, der erntet. Ohne Fleiß kein Preis. Rom ist auch nicht an einem Tage erbaut worden.
- *Beispiel für Vergleiche schließlich sind*: Man kann ja keinen Marathon sprinten. Das ist der Mercedes. Am Maßanzug können wir nicht die Ärmel weglassen, nur um zu sparen.

15 Haptisches Marketing – Neue Kommunikationskanäle zum Kunden aufbauen

Marketing – der Begriff leitet sich aus dem Englischen ab und bedeutet sinngemäß das »Machen von Märkten«: Haptisches Marketing ist das »Machen von Märkten« über die Kanäle Fühlen, Riechen, Schmecken und emotionales Erleben, ist das »Machen von Märkten« über alle fünf Sinne. Es ist klar, dass ein Wirtschaftsprüfer seine Leistungen nur schwer über den Kanal Schmecken vermitteln kann. Aber es gibt Menschen, die schon mal sagen: »Das schmeckt mir nicht« oder: »Den kann ich nicht riechen«. Also lohnt es sich, gerade wenn man Dienstleistungen verkauft, den Kanal Riechen und Schmecken auf besonders angenehme Art und Weise zu betonen.

Das Prinzip dabei lautet: Mit-Mach-Marketing. Machen Sie Ihre Kunden bereits mithilfe Ihres Marketings zu handelnden Akteuren. Denn nichts geht über die Live-Erfahrung, bei denen man selbst zum Mitspieler wird. Der Vater, der dem Neugeborenen die Nabelschnur durchtrennt, das neue Auto, bei dem die »Hochzeit« (das Verbinden von Fahrwerk, Motorblock und Getriebe mit der Karosserie) gemeinsam mit Kunden auf der Fertigungsstraße gefeiert wird, der Nobelkoch, der einen Kunden in seine Küche lässt: Wird der Kunde – der Nabelschnur durchtrennende Vater wird es mir verzeihen – ganz persönlich und individuell eingebunden, ist es möglich, den Kunden bereits vor dem eigentlichen Verkaufsgespräch haptisch einzubinden, etwa in der Akquisitionsphase.

Auch beim Mit-Mach-Marketing ist immer entscheidend, den Kunden auf mehreren Kanälen anzusprechen, nicht nur auf dem visuellen und auditiven. Fangen wir mit dem Megatrend der Zukunft an – dem Touchmarketing.

15.1 Touchmarketing: Vom Daumenkino zu Michael Jackson

Das Rad wird nirgendwo ganz neu erfunden. Schon das gute alte Daumenkino hat sich die Prinzipien des Touchmarketings zunutze gemacht.

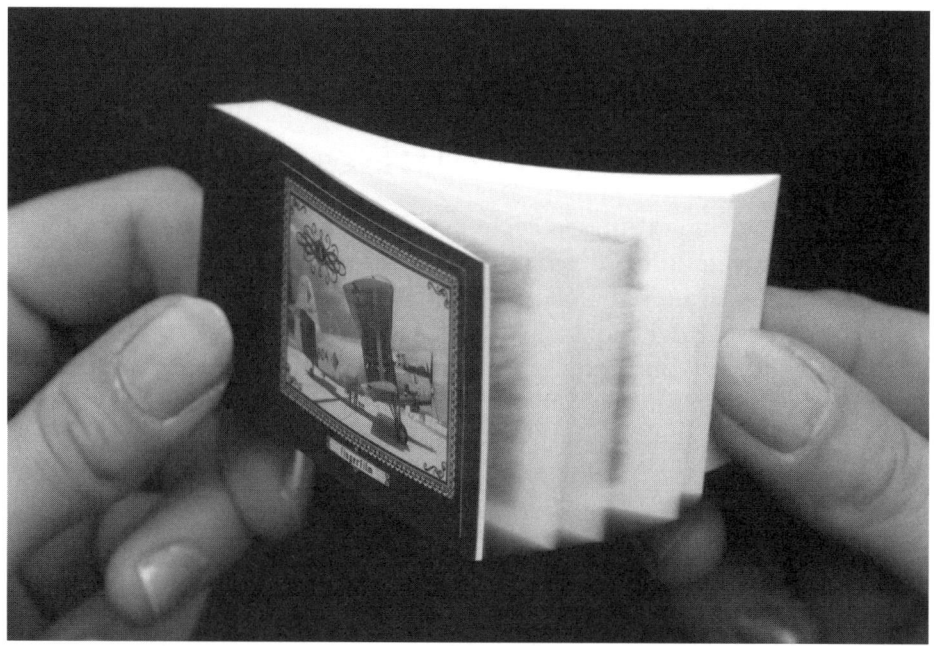

Abbildung 36: Daumenkino

Im September 1868 ließ sich John Barnes Linnet das fotografische Daumenkino unter dem Namen Kineograph patentieren. 1894 konnte auch der deutsche Filmpionier Max Skladanowsky seine ersten Probeaufnahmen zunächst nur als Daumenkino betrachten, da es für das in der von ihm selbst konstruierten Filmkamera Kurbelkasten belichtete Filmmaterial noch keinen Projektor gab. Ab 1897 vermarktete der englische Filmtechniker Henry William Short unter dem Namen Filoscope ein Daumenkino in einem Metall-Halter, bei dem ein kurzer Hebel das Abblättern erleichtern sollte.

Das Daumenkino verdankt seine Wirkung einer Unvollkommenheit unseres optischen Sinnes. Es ist die Trägheit der Augen, die vorbeihuschende Einzelbilder zur Illusion nahtloser Bewegung verbinden. Die Daumenkinos funktionieren demnach durch den »stroboskopischen Effekt«. Der stroboskopische Effekt besteht darin, dass unser Auge Einzelbilder, die geringfügige Inhaltsunterschiede in einer beliebigen Richtung aufweisen, wenn sie schnell genug wechseln, nicht mehr als solche wahrnimmt, sondern zu einer kontinuierlichen Bewegung zusammensetzt. Es kommt zu einer Bewegungstäuschung, die umso natürlicher wirkt, je schneller die einzelnen Phasen wechseln. Da man das Taschenkino in die Hand nehmen muss, spricht es einen Teil unseres Körperraumes an.

Jeder, der schon mal ein Daumenkino in Händen gehalten hat, weiß, wovon ich rede. Obwohl man es schon zigmal gemacht hat, lässt man die Seiten immer und immer wieder durch die Finger sausen. Es macht einfach Spaß, es selbst zu machen und anderen zu zeigen. Und so wurde ein haptisches Marketing- und Werbemittel geboren, das noch heute genutzt wird.

Aber das Touchmarketing ist nicht beim Daumenkino stehen geblieben – das Fühlen gewinnt die Oberhand. Ganz besonders »haptisch gut drauf« sind zurzeit die Brauereien Veltins und Radeberger. Beide haben nach dem großen Erfolg der haptischen Flasche von Flensburger – das ist die Flasche mit Plopp-Verschluss – Reliefflaschen auf den Markt gebracht. Hier lässt sich der Firmen-Schriftzug haptisch be-greifen. Der Werbespruch von Veltins dazu lautet: »Nur gucken, nicht An-fassen.« Und die Flasche von Radeberger wird beworben mit: »Ein besonderer Genuss – schon beim Berühren«. Der Bierkasten von Radeberger wurde haptisch überarbeitet, die Werbung lautet »Ein besonderer Genuss – schon beim Tragen«.

Abbildung 37: Bierflasche

Das Prinzip: weniger sehen, mehr fühlen. Genau das Gegenteil von »Nur gucken, nicht anfassen«. Achten Sie mal beim Einkaufen darauf, wie viele Flaschen und Dosen mit Relief aufgewertet werden und wie oft Verpackungen einen Touch-Effekt nutzen.

Oder nehmen Sie den Flyer für die neue Show über den tragischen King of Pop, Michael Jackson – »Thriller live« in Köln. Auf dem Flyer ist Michael Jackson auf der Rückseite durch eine leichte Erhebung durchgeprägt, also ertastbar und ergreifbar. Auf der schwarzen Rückseite entsteht so die Silhouette. Dann sind die Arme und der Hut auf der Vorderseite in Lackfarben gedruckt. Wenn Sie jetzt die Karte in die Hand nehmen, können Sie nicht anders, als mit Daumen den Lack zu fühlen, zu ertasten und dann gleichzeitig auf der Rückseite die Prägung nachzufahren, zu erfahren.

Abbildung 38: Eintrittskarte für Michael-Jackson-Musical

Auch die Firma Nivea setzt die Haptik gezielt ein, und das nicht erst, seitdem die klassische Nivea-Dose eine Reliefprägung im Deckel hat. Nun hat Nivea eine Werbung für das neue Produkt »Beauty Lift« per Post versendet. Der Umschlag besteht aus einer glänzenden samtigen Oberfläche, die den Lifting-Effekt verkörpert. Der Slogan lautet: »Schönheit, die bewegt«. Inhalt ist eine aufklappbare Karte, bei der sich der mittige Punkt im »Lifting-Effekt« dreht – eine schöne und sehr hochwertige Werbung mit haptischen Effekten, die sich lohnt, weil die Resonanz, der Erinnerungswert und der Imagegewinn um ein Vielfaches höher sind, als dies bei einem normalen Brief, der meistens direkt in den Papierkorb wandert, der Fall ist.

Ein weiteres Beispiel ist die haptische Uhr: Tissot hat die erste Touchscreen-Uhr auf den Markt gebracht. Auch die Automobilindustrie denkt mittlerweile immer haptischer: Bei BMW sind die Türklinken haptisch und ergonomisch optimiert, der neueste Automatikschalthebel ist ebenfalls haptisch gestaltet. Die Designer verzichteten sogar auf die Symmetrie fürs Auto, um den Schalthebel optimal haptisch bauen zu können. Citroën verfügt nun über einen Vibrationsalarm im Sitz, und neue Qualitätskriterien in Testbogen für Neuwagen heißen »Haptische Qualitätsanmutung« und »Haptische Rückmeldungen und Fahrerinformationen«.

15.2 Duftmarketing: Gut gerochen ist halb gewonnen

Duftmarketing gehört heute genauso selbstverständlich wie Hintergrundmusik, verkaufsfördernde Ladeneinrichtung und Beleuchtung sowie ansprechende Farben zu einem erfolgreichen Marketingkonzept. Bei vielen Produkten wird Duftmarketing schon lange eingesetzt. Denken Sie beispielsweise an Zahncreme, Waschpulver, Spülmittel oder an die vielen kosmetischen Produkte. Dort spielen die Gerüche oft eine größere Rolle als die Qualität der angebotenen Ware.

Der Kunde wird mit Werbung überschüttet wie nie zuvor. Täglich erreichen den deutschen Verbraucher im Durchschnitt über 1.000 Kaufimpulse. Deshalb nimmt er gewohnte Kaufreize kaum mehr wahr. Aus diesem Grund setzen sich erlebnisorientierte Strategien mehr und mehr durch.

Mit dem richtigen Duft am richtigen Platz schafft man eine höhere Aufmerksamkeit für die speziellen Produkte oder fürs Geschäft. So lässt sich die Vision des Erlebniskaufs beim Kunden steigern, und somit steigen auch Ihre Umsätze. Es ist heute wichtiger denn je, die Lust der Sinne zu wecken und damit die Kauflust zu entfachen, um den Erlebniskauf zu perfektionieren. Womit könnte dies besser erreicht werden als mit dem richtigen Duft?

Duftmarketing ist in Japan und den USA längst nichts Neues mehr und wird mit großem Erfolg eingesetzt. Zahlreiche wissenschaftliche Untersuchungen, wie zum Beispiel eine Studie der Universität Paderborn, kamen zu verblüffenden Ergebnissen:

- Die Verweildauer der Kunden im Verkaufsraum erhöhte sich um 15,9 Prozent.
- Der angenehme Raumduft erhöhte die Kaufbereitschaft der Kunden um 14,8 Prozent.
- Impulskäufe steigerten den Umsatz in der Testphase um 6 Prozent. (Quelle: Forschungsgruppe Konsum und Verhalten der Uni Paderborn)

Auch in Deutschland arbeiten führende Unternehmen seit über zehn Jahren laufend an der Forschung auf dem Gebiet Duftmarketing. Die Wissenschaft, Marketingstrategen und Parfümeure in der ganzen Welt haben dazu beigetragen, dass heute tatsächlich das Verhalten des Kunden ganz gezielt durch Duft beeinflusst werden kann.

Es lässt sich nicht nur an Umsatzzahlen deutlich beweisen, es ist auch wirklich jedem einleuchtend, wenn man darüber nachdenkt. Wer lässt sich vom Duft frischen Kaffees und frischer Brötchen nicht gern verführen? Wenn am Sonntagmorgen der herrliche Duft des angerichteten Frühstücks auch den größten Langschläfer aus den Federn lockt und der Duft von frischen Brötchen ein plötzliches Hungergefühl aufkommen lässt, dann ist dies ein Beispiel, wie sich der Mensch durch Duft animieren lässt.

Und wer denkt nicht beim Geruch einer Ananas- oder Kokosfrucht an Palmen, Strand, Sonne und Meer? Hätten diese Früchte keinen spezifischen Eigengeruch, würden sie unsere Fantasie nicht so anregen, denn Geruch weckt Gefühle, die der Verstand nicht kontrollieren kann. Der Geruchssinn ist das »Tor zur Seele« sagt man, denn keine Sinneswahrnehmung vollzieht sich so schnell wie das Riechen und löst dabei so intensives Erleben aus. Der Geruch ist der unmittelbarste aller Sinne. Bevor man etwas sieht, hat man es in der Regel schon gerochen und erkannt. Wie können Düfte das menschliche Wohlbefinden maßgeblich beeinflussen? Unsere Nase ist unbestechlich, denn was wir riechen, vermag in unserer Seele weit mehr zu bewirken als das, was wir sehen oder hören. Mit unserer Nase werden winzige Duftmoleküle aufgenommen und reizen die etwa 20 Millionen Riech-Nervenzellen. Diese wandeln den Duft in ein elektrisches Signal um und bewirken eine sofortige Reaktion im Gehirn, da sie mit der innersten Schaltzentrale, dem sogenannten limbischen System, in Verbindung stehen.

Das limbische System steuert nicht nur das Gefühlsleben, es beherbergt auch das Gedächtnis für Düfte. Entsprechend den empfangenen Signalen schüttet das Gehirn mehr oder weniger Hormone aus, regt Drüsen und innere Organe an oder besänftigt sie. So werden Gefühle erzeugt und Emotionen gesteuert, diese senken oder erhöhen den Blutdruck, lassen das Herz schneller oder langsamer schlagen, muntern auf. Ob wir einen Menschen sympathisch finden, entscheidet maßgeblich der Geruch. Eine leichte Brise angenehmer Düfte:

- baut negative Gerüche ab und verbessert die Luftqualität,
- schafft mehr Aufmerksamkeit bei Kunden und Besuchern,
- schafft eine optimale Atmosphäre in allen Räumen,
- bringt ein neues Einkaufserlebnis für Kunden,
- erzeugt ein positives Kundenverhalten,
- verlängert die Kundenverweildauer,
- steigert die Kauflust und damit den Umsatz,
- erzeugt Wohlbefinden und Vertrauen,
- motiviert die Mitarbeiter und verbessert die Arbeitsatmosphäre,
- steigert die Leistungskraft und Kreativität und
- schafft entscheidende Wettbewerbsvorteile.

Mit dem richtigen Duft ist man seinen Mitbewerbern eine kleine »Nasenlänge« voraus. Es ist verblüffend und vielleicht auch ein wenig erschreckend, aber wahr: Die besten Düfte sind die, die man nicht bewusst riecht, sondern die nur angenehm wirken. Und das können die professionellen Unternehmen schon lange.

Einen guten Duft im Geschäft zu erzeugen ist eine Sache, aber auch im direkten Verkauf spielt der Duft eine maßgebliche Rolle. Es soll Kunden geben, die kaufen nicht, weil sie den Verkäufer »nicht riechen« können. Die unbewussten Gerüche sind nicht wirklich zu steuern, aber Tiere riechen zum Beispiel Angst. Vielleicht können wir Menschen das auch noch, allerdings unbewusst. Wir riechen bestimmt viel mehr, als uns bewusst ist.

Worauf kann man als Verkäufer achten? Man sollte angenehm riechen, also weder nach Schweiß, Alkohol, Tabak stinken noch zu viel Deo oder Parfüm verwenden. Hier muss man allerdings sehr unterscheiden zwischen jungen und alten Gehirnen. Die jungen Gehirne haben ein wesentlich geringeres Geruchsempfinden. Wenn aber ein altes Hirn auf ein frisch einparfümiertes junges Hirn mit der Nase stößt, dann bleibt dem alten Hirn die Luft weg.

Vielleicht eine noch etwas »verrückte« Idee: Warum können Anträge, Verträge und vielleicht auch Bücher nicht ihrem Zweck entsprechend duften? Es wird wahrscheinlich noch kommen, dass die Computer auch die entsprechenden Düfte versprühen.

15.3 Direktmarketing: Ran an den Kunden

Nur mit einem nackten Brief kann man keinen Kunden dazu bewegen, den Brief zu öffnen und aufmerksam zu lesen. Da muss man sich schon etwas Interessantes einfallen lassen.

Es gibt natürlich die Möglichkeit, aufwendige und teure Beileger dem Kunden zu schicken. Das rechnet sich letztlich nur, wenn man entsprechend exklusive Produkte verkauft.

Edgar K. Geffroy hat einmal von zwei überaus erfolgreichen haptischen Direktmarketingaktionen berichtet. So hat er, um Eigentumswohnungen zu verkaufen, an sehr gut recherchierte Adressen einen Holzbaukran mitgeschickt, und zwar einen wirklich guten Holzkran. Die Resonanz war unwahrscheinlich groß und die meisten Angerufenen reagierten spontan: »Ach, das war das mit dem schönen Kran.«

Eine andere Aktion betraf den großen Jaguar. Er versandte drei kleine Gläschen sehr gute englische Marmelade mit dem Hinweis: England ist bekannt für Tradition und Qualität. Man weiß aber erst, wie gut so eine englische Marmelade schmeckt, wenn man sie probiert hat. Guten Appetit! Genauso verhält es sich bei einem Jaguar, man weiß erst, wie toll so ein Wagen ist, wenn man ihn gefahren hat. Der Kunde wurde eingeladen zur Probefahrt. Der Erfolg hat Jaguar überrollt.

Mercedes hat zur Präsentation der neuen S-Klasse eine Brücke aus bedrucktem Stahl versendet, das war die Einladung. Bei der Einladung zur neuen E-Klasse wurde ein Stück weicher Schaumgummi verschickt als Symbol, wie weich sich die Straßen anfühlen werden. Hier ein paar einfache Ideen, nur um Sie anzuregen, vielleicht selbst einen guten Gedanken zu haben: Holz-Puzzle, Brausepulver, Pflaster, Sicherheitsnadeln, Lottoschein oder Aktion-Mensch-Los, Gummibärchen, Drehscheiben oder Schieber, Prospekte, in denen ein interessantes Bewegungselement enthalten ist.

> **Learning by doing**
> - Welche haptischen Marketingideen sind in Ihrem Verantwortungsbereich denkbar?
> - Kreieren Sie eine kurze, aber beispielhafte Marketingaktion unter haptischen Gesichtspunkten.

16 Haptische Führung – Wer berührt, führt

Vielleicht kennen Sie die Fernsehsendung »Rach – der Restauranttester«. Dort habe ich einmal ein eingängiges Beispiel gesehen, das zeigt, wie sich haptische Elemente auch in der Mitarbeiterführung anwenden lassen: Wenn ich mich richtig erinnere, setzte der Restauranttester Christian Rach den Inhaber eines Lokals samt Mitarbeiter in ein Ruderboot. Nun mussten sich die Leute zusammenraufen und miteinander sprechen und handeln, um das Schiff tatsächlich in Bewegung zu setzen. Dem Chef kam dabei als Steuermann eine besondere Bedeutung zu. Die Botschaft: »Ihr müsst zusammenhalten, wenn ihr Erfolg haben wollt – aber einer muss den Takt vorgeben und den Kurs vorgeben.« Das ist haptisches Lernen pur – eine Information wird erst durch die körperliche Wahrnehmung erfahrbar und begreifbar.

Und in einem Seminar, an dem ich als Teilnehmer mitwirkte, bin ich einmal vom Trainer mit verbundenen Augen (!) an einer viel befahrenen und daher sehr gefährlichen Bundesstraße entlanggeführt worden. Dabei durfte kein Wort gewechselt werden – Führen durch und mit Schweigen. So lernte ich auf haptische Weise, wie wichtig Vertrauen im Verhältnis zwischen Führungskraft und Mitarbeiter ist.

Die Beispiele zeigen: Seit der Erstauflage dieses Buches hat sich ein neues haptisches Betätigungsfeld aufgetan – nämlich das »haptische Führen«. Da es durchaus möglich ist, dass einige Leserinnen und Leser bereits jetzt Personalverantwortung und Führungsaufgaben – etwa in der Teamarbeit – wahrnehmen oder dies in Zukunft tun werden, stelle ich Ihnen nun die wichtigsten haptischen Führungstechniken vor.

16.1 Mitarbeiter zur Aktivität animieren

Folgender Fall: Sie begrüßen als Teamleiter den Mitarbeiter zum Zielvereinbarungsgespräch per Handschlag, bauen Blickkontakt auf, fassen ihn sachte am Ellbogen und geleiten ihn zum Besprechungstisch. Diese Ihnen bekannten haptischen Berührungsgesten sind geeignet, Vertrauen zum Mitarbeiter aufzubauen. Bedenken Sie dabei: Körperliche Berührungen durch Personen mit Status – und zu denen zählen Sie als Führungskraft –

könnte der »berührte« Verkäufer eventuell als persönliche Würdigung oder gar Auszeichnung empfinden. Aber auch hier gilt: Die Berührung muss im Rahmen der gesellschaftlichen Konventionen und Spielregeln erfolgen. Beim »berührungsempfindlichen« Mitarbeiter etwa sollten Sie von einem anerkennenden Schulterklopfen eher Abstand nehmen – im wahrsten Sinne des Wortes.

Setzen Sie Ihre Berührungsgesten anlassbezogen ein: Durch einen energischen Händedruck verdeutlichen Sie im Konfliktgespräch mit dem Mitarbeiter Durchsetzungsstärke und Entschlossenheit, durch den ausgestreckten Arm beim Handschlag den Willen zur Distanzierung. Und mit dem Handschlag zum Schluss des Teammeetings besiegeln Sie Vereinbarungen intensiver als durch ein nüchternes Protokoll.

16.2 Haptische Führungshilfen einsetzen

Des Weiteren sollten Sie haptische Führungshilfen einsetzen – einfaches Beispiel: In dem Zielvereinbarungsgespräch lassen Sie den Mitarbeiter selbst ausrechnen, welche Konsequenzen es für Umsatz, Gewinn und vielleicht die Provision hat, wenn er die vereinbarten Ziele – mehr Akquisitionsanrufe, mehr Kundenbesuche – erreicht. Also liegt auf Ihrem Besprechungstisch ein Taschenrechner bereit, mit dem der Mitarbeiter die handfesten Konsequenzen der vereinbarten Verhaltensänderung eigenhändig und sinn- und augenfällig berechnet. Das wirkt überzeugender und motivierender, als wenn Sie zum Beispiel die mögliche Umsatzsteigerung nennen. »Wenn ich es selbst berechne, ist es auch richtig« – in diese Richtung geht mit einiger Wahrscheinlichkeit der Gedanke Ihres Mitarbeiters.

Klug ist es, haptische Berührungen und Führungshilfen miteinander zu kombinieren: Bei der Teamkonferenz am wortwörtlich runden Tisch begrüßen Sie jeden Mitarbeiter mit Handschlag, stellen sich jeweils seitlich neben ihn und geleiten ihn zu seinem Platz. »Ich möchte gemeinsam mit euch etwas bewegen«, so seine haptische Aussage.

Im Meeting selbst nutzen Sie dann eine Impulskugelreihe und veranschaulichen mit ihr, dass es im Team wichtig ist, positive Anstöße zu geben, um die Kollegen zu motivieren und eine Teamdynamik in Bewegung zu setzen.

Die genannten Instrumente – haptisches Berühren und Führungshilfen wie die Impulskugelreihe – lassen sich überdies für die Mitarbeitermotivation nutzen. Wenn Sie die klassische Motivationsstrategie »Lob und Anerkennung« durch die Impulskugelreihe ergänzen, mit der Sie dem Mitarbeiter veranschaulichen, dass er selbst es ist, der Erfolge eigeninitia-

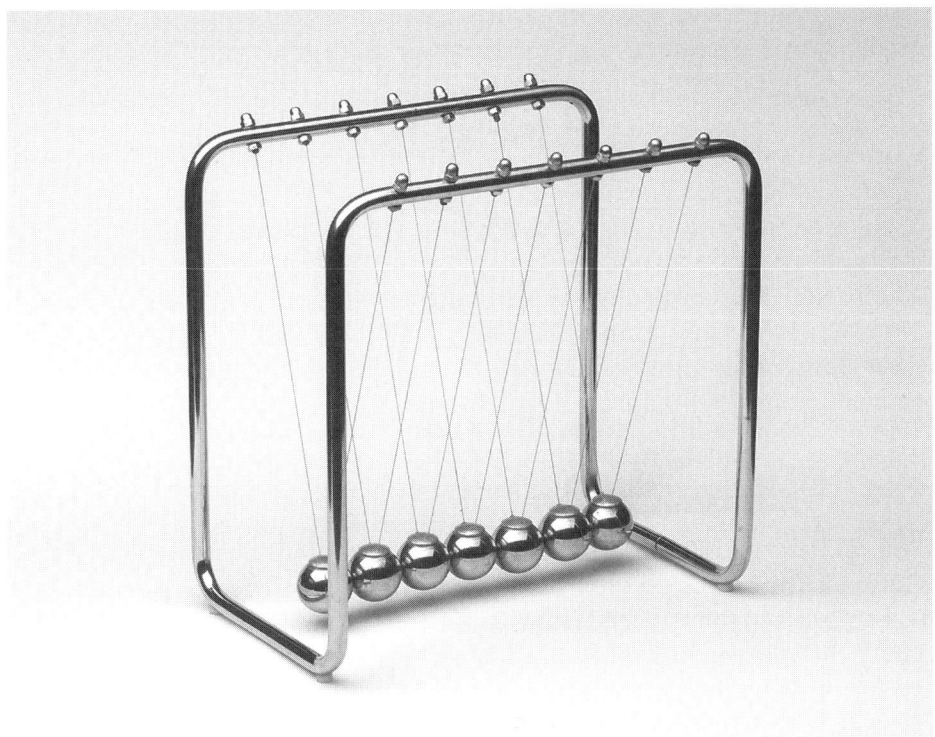

Abbildung 39: Impulskugelreihe

tiv in Gang setzen kann, rücken Sie die Bedeutung des Mitarbeiterengagements in den Fokus.

Oder nehmen Sie ein weiteres Beispiel: Sie besprechen mit dem Mitarbeiter die Vision Ihres Teams. Sie bildet die Grundlage, das Fundament. Darauf setzen die Grundsätze und Ziele auf, die das Team verfolgt, und schließlich folgen die individuellen Mitarbeiterziele. Sie nutzen dazu eine Pyramide, die aus aufeinander aufbauenden Teilen besteht, die ineinandergesteckt werden können. Der Mitarbeiter setzt seine Zielepyramide selbst zusammen, er kann sie anfassen: Er beginnt mit dem Fundament, der Vision – und schreitet voran bis zur Spitze, seinen Mitarbeiterzielen. Natürlich werden die einzelnen Ziele im Gespräch mit Ihnen besprochen und ausformuliert. Der ganzheitliche Aufbau der Zieleorientierung, die Ihr Team wie ein roter Faden durchzieht, wird durch die Pyramide haptisch begreifbar und sichtbar.

Im Mitarbeitergespräch können Sie überdies ein »Fußball-Element« einbauen: Wenn zum Gesprächsbeginn eine Rückschau ansteht – etwa bei Zielen, die der Mitarbeiter nicht erreicht hat –, zeigen Sie ihm die »gelbe

Haptische Führung – Wer berührt, führt

Gelbe Karte

Abbildung 40: Gelbe Karte

Karte«. Und zwar im wortwörtlichen Sinn. Wichtig ist, das Gespräch dann gleich wieder ins positive Fahrwasser zu steuern. Auch hier sollten Sie wieder eine Ampelfarbe nutzen: »Hier habe ich die grüne Karte mitgebracht. Wie gelingt es uns, dass Sie die Ziele im nächsten Quartal verwirklichen?«

> **Learning by doing**
> - Falls Sie Personalverantwortung tragen: Welche haptischen Hilfen können Sie in Ihren Mitarbeitergesprächen zu welchem Zweck einsetzen?
> - Überlegen Sie, wie ein haptisches Mitarbeitergespräch aussehen kann – machen Sie es konkret: Wie verläuft ein Kritikgespräch mit einem Ihrer Teammitglieder?

17 Mit haptischen Verkaufshilfen Kunden gewinnen und überzeugen

In so gut wie jedem Verkaufsgespräch geht es ums Geld, um den Preis, den ein Produkt oder eine Dienstleistung kostet. Oder auch um das Geld, das ein Kunde sparen kann, wenn er bei Ihnen einkauft und nicht bei der Konkurrenz. Und um den Gegenwert zum Preis – den Nutzen.

Und nun stellen Sie sich vor, Sie wollen Ihren Kunden von Anfang an darauf aufmerksam machen, dass es jetzt in dem Gespräch um sein Geld geht. Wie können Sie das erreichen? Natürlich können Sie es dem Kunden einfach sagen. Sie können aber auch haptisch vorgehen und dabei so viele Sinne wie möglich ansprechen. Dazu legen Sie im Eingangsbereich Ihres Büros einen »haptischen Geldteppich« aus. Der Kunde kommt an diesem Teppich nicht vorbei – er muss über ihn gehen. Und nun zeigen Sie mir denjenigen Kunden, der nicht interessiert und neugierig fragen wird, was das denn zu bedeuten habe. Sie antworten: »Heute geht es um Ihr Geld, lieber Kunde!«

Es handelt sich mithin um eine vollautomatische Gesprächseinleitung, da müssen Sie selbst (fast) gar nichts mehr tun, um die Aufmerksamkeit des Kunden zu gewinnen. Weil nämlich jeder Kunde zwangsläufig und unbewusst immer dahin schaut, wo er seine Füße hinstellt. Ein Beispiel: Fast jeder hat schon am eigenen Leibe erfahren, dass kurz bevor man aus scheinbarer Unachtsamkeit in einen Hundehaufen oder in etwas Unangenehmes tritt, es doch noch im letzten Moment bemerkt und es schafft, auszuweichen. Ihr Kunde wird beim »haptischen Geldteppich« eine ähnliche Reaktion zeigen, und Sie sagen: »Heute kümmern wir uns darum, das Sie Ihr Geld nicht mit Füßen treten!«

Interessant ist die Entstehungsgeschichte des Geldteppichs: Ein Versicherungsvermittler aus München führte in einem Unternehmen zur Einrichtung einer »beruflichen Altersvorsorge« Personalgespräche und bemerkte, dass die Erfolgsquote schlecht war und auch die Stimmung im Unternehmen zu kippen drohte. Daraufhin nahm er eine größere Folie, füllte sie mit Geldscheinen und legte diese direkt hinter die Eingangstür. Die Wirkung war verblüffend. Selbst Mitarbeiter mit einer eher vorgefass-

Abbildung 41: Geldteppich

ten negativen Haltung blieben vor dem »Geldteppich« fragend stehen, und erst nachdem der Vermittler sagte: »Ja, kommen Sie ruhig rein, es geht um Ihr Geld«, war der Bann gebrochen.

Eine ähnliche Funktion erfüllt die »haptische Geldmaschine«: Stellen Sie sich vor, Sie hätten unten bei sich im Keller eine Geldmaschine stehen. Diese Geldmaschine würde Ihnen Tag für Tag 100,-, 150,- oder 200,- produzieren. Sie bräuchten morgens nur in den Keller zu gehen und nähmen Ihr neues Geld an sich. So ist der erfolgreiche Tag gesichert. Nun, Sie wissen,

Maschinen halten nicht ewig, und es kann einen Betriebsausfall geben, wegen des Verschleißes oder weil der Strom ausfällt. Aber Sie könnten diese Maschine für einen überschaubaren Betrag so versichern, dass Sie auf jeden Fall Tag für Tag Ihr Geld bekommen. Sie könnten sich diesen Betrag gut und gerne leisten. Würden Sie die Maschine versichern wollen, sodass Sie immer auf jeden Fall Ihr Geld bekommen? Ich vermute, ja.

Jetzt aber der Schwenk zum Kunden: »Würden Sie die Maschine versichern wollen, sodass Sie immer auf jeden Fall Ihr Geld bekommen?« – das ist die Frage, die Sie Ihrem Kunden stellen. »Na klar!«, wird er antworten. Nun wäre es natürlich toll, wenn er eine solche Maschine tatsächlich im Keller hätte. Allerdings ist dem natürlich nicht so, leider. Trotzdem besitzt er eine solche Geldmaschine – seine Arbeitskraft! »Solange Sie gesund und leistungsfähig sind, verdienen Sie mit Ihrer Arbeitskraft Tag für Tag Ihr Einkommen, lieber Kunde.« Und jetzt haben Sie den Kunden neugierig gemacht, etwa für eine Berufsunfähigkeitsversicherung. Sie sagen zum Kunden: »Sehen Sie! Genau darum geht es heute: Wie Sie Ihre persönliche Geldmaschine, Ihre Arbeitskraft, so versichern können, dass Sie jeden Tag Ihr Geld bekommen.«

Abbildung 42: Geldmaschine

Während des Gesprächs setzen Sie die »haptische Geldmaschine« ein: In die Geldmaschine wird ein leeres Blatt eingespannt und durchgedreht: Ein Geldschein erscheint auf der anderen Seite (er kann auch echt sein!). Das Fassungsvermögen ist so groß, dass vier Scheine in 5-Euro-Größe hineinpassen.

Das ist natürlich ein toller Gesprächseinstieg in einem produktiven Gesprächsklima. Sie geben dem Kunden die Geldmaschine in die Hand und leiten ihn an, einen Geldschein zu drucken. Dann lassen Sie sich die Geldmaschine zurückgeben und leiten rhetorisch geschickt auf die oben erwähnte Geldmaschinen-Geschichte über – und den eigentlichen Gesprächsgegenstand, Ihr Produkt.

17.1 Die Merkmale haptischer Verkaufshilfen

Die Beispiele »Geldteppich« und »Geldmaschine« zeigen, welche Eigenschaften alle guten haptischen Verkaufshilfen aufweisen:

- Die ungewohnte, besondere Art und Weise einer haptischen Verkaufshilfe macht den Kunden neugierig.
- Der Verkäufer braucht für die Überleitung in das Gespräch keine rhetorisch interessanten Sätze, sondern die haptische Verkaufshilfe wird einfach in das Sichtfeld des Kunden gerückt und ersetzt so die Überleitung nahezu komplett.
- Der Kunde wird durch seine eigenhändige Beteiligung daran gehindert, eine distanzierte Abwehrhaltung einzunehmen.
- Eine gute haptische Verkaufshilfe ist als Ganzes die ideale Verkörperung einer Botschaft, die sich aus einzelnen »Textbausteinen« sinnvoll zusammensetzt. Sie gibt dem Verkäufer Sicherheit und Halt, da die haptische Verkaufshilfe für den Verkäufer »der rote Faden« des Gesprächs ist.
- Eher »unangenehme Botschaften« werden vom Kunden anhand der haptischen Verkaufshilfe besser be-griffen, als wenn der Verkäufer dem Kunden das Unangenehme vermittelt. So bleiben Kunde und Verkäufer in einer positiven Beziehung Verbündete.
- Mit der haptischen Verkaufshilfe wird das Gespräch auf allen Lernkanälen belebt. Hören, Sehen und Begreifen bieten gleichzeitig und parallel die gleiche Aussage, so prägt sich die Botschaft schneller, einfacher und nachhaltiger ein.
- Die haptische Verkaufshilfe ist das Symbol für die Erinnerung. Das Symbol verbindet sich mit der Botschaft und die Botschaft mit dem Symbol.

- Bevor ich Ihnen nun weitere Verkaufshilfen und ihre Einsatzmöglichkeiten vorstelle, gestatten Sie mir eine Anmerkung: Nicht alle, aber die meisten der haptischen Verkaufshilfen lassen sich am besten und anschaulichsten mit Beispielen erläutern, die aus dem Finanzdienstleistungsbereich und dem Versicherungsbereich und ihren erklärungsbedürftigen Produkten stammen. Darum sind viele der folgenden Beispiele diesen Bereichen entnommen. Aber natürlich lassen sich die Verkaufshilfen auch bei der Darstellung anderer Produkte einsetzen.
- Trotzdem gilt: Versicherungs- und Finanzdienstleistungen sind meistens nicht direkt zu be-greifen, nicht direkt anzufassen, nicht zu erfassen. Darum lohnt es sich gerade hier, symbolische Gegenstände, eben haptische Verkaufshilfen, einzusetzen. Ich bitte Sie, die Einsatzmöglichkeiten der Verkaufshilfen jeweils für Ihre Verkaufsaktivitäten zu prüfen.

17.2 Die Entwicklungsgeschichte der ersten patentierten haptischen Verkaufshilfe

Abbildung 43: Erstes Modell

Gemeinsam mit Manfred Bergfelder entstand die Idee vom Versorgungsmodell. Damals wie heute gab es die Dreisäulen-Theorie: die Versorgung des deutschen Bürgers durch die Kombination gesetzliche, betriebliche und private Versorgung. Wir beide hatten damals den Gedanken, diese drei Säulen zu drei Ebenen umzugestalten. Die unterste Ebene stellte die gesetzliche Versorgung dar und sollte 45 Prozent der Gesamthöhe sein. Die mittlere Ebene war die betriebliche Versorgung mit 20 Prozent Höhe, und als oberste Ebene kam die private Vorsorge mit 35 Prozent der Höhe. Bei der untersten Ebene, der gesetzlichen Versorgung, sollte die Figur leicht umfallen, bei der zweiten Ebene, der betrieblichen Versorgung, nur noch wackeln, und sobald die private Ebene dazukommt, stabilen Stand haben. Das erste Modell war für Kunden jedoch in der Ausführung nicht zumutbar. Aber die Idee hatte nun schon Form angenommen.

Dann erstellten wir ein zweites Modell, diesmal nicht aus Weichholz, sondern aus Teak – mit Abreibbuchstaben und der besonderen Idee, zwei Seiten zu verwenden. Auf der einen Seite die Versorgung, so wie zuvor beschrieben, und auf der anderen Seite der Begriff »Arbeitskraft« als Platzhalter für den schönen Zustand, überhaupt keine Versorgung zu brauchen.

Dazu kam die Idee, das Podest »Arbeitskraft« durch Auseinanderziehen trennen zu können, sodass die menschliche Figur plötzlich umfällt. Das war ungeheuer wirkungsvoll. Dieses Modell war gut genug, und die Tests beim Kunden waren derart erfolgreich, dass es riesigen Spaß machte, damit den Kunden zu überzeugen. Unsere Umsätze stiegen plötzlich noch einmal stark an, und in Köln wurde unter Kollegen das Gerücht rumgereicht: »Die beiden haben so ein Püppchen entwickelt und machen damit tierisch Umsätze.« Einige Kollegen riefen an oder kamen vorbei und wollten auch so ein Modell oder sich die Figur zumindest einmal ausleihen.

Genau zu der Zeit kam ein früherer Schulkamerad in mein Büro, weil er sich als Diplom-Industriedesigner selbstständig machen wollte. Er be-griff mit dem Holzmodell seinen eigenen Bedarf, und zum Ende des Gesprächs reagierte er, wie ein sich selbstständig machender junger Designer reagieren muss: »Eine tolle Idee hast du da, aber ein schlechtes Design, soll ich dir das Modell mal designen?« Und er bekam seinen ersten Auftrag. Er veränderte die Konstruktion, er ersetzte das Holz durch Aluminium, um den Charakter eines Präzisionswerkzeuges zu vermitteln. Er brachte Bolzen in die Außenseiten und schaffte die Verbindungen mit Stiften und Magneten. Er kannte auch den Weg zum Patentanwalt, und so meldeten wir 1987 dieses Modell als erste haptische Verkaufshilfe zum Gebrauchsmuster, später zum fast weltweiten Patent an.

Das deutsche Patentamt erklärte die Erfindung für patentwürdig und eröffnete eine neue Rubrik: »Haptische Verkaufshilfen«. Nun folgte der Test mit zehn Kollegen und einzeln angefertigten Modellen – die Ergebnisse waren phänomenal. 30 bis 100 Prozent mehr Umsatz in den ersten drei Monaten. Das gab uns die Sicherheit, 1988 die B&S Haptische Verkaufshilfen GmbH zu gründen, um das Patent zu vermarkten.

Abbildung 44: Erstes Modell, modifiziert

Wir beide marschierten dann mit den Modellen, den Testergebnissen und dem Patent zu den Versicherungsgesellschaften und wollten die Rechte an der ersten haptischen Verkaufshilfe verkaufen. Fast alle waren daran interessiert, aber niemand wollte die Rechte kaufen, alle wollten erst testen. Wir sollten in Seminaren den Testteilnehmern die Handhabung vermitteln, und so waren wir gezwungen, ein Seminar für den erfolgreichen Umgang mit der haptischen Verkaufshilfe zu entwickeln. Am 14. Februar 1989 fand das erste Seminar mit dem Titel »Gehirngerechtes Verkaufen mit der haptischen Verkaufshilfe« in Köln statt. Jedes Jahr kamen über 1.000 Teilnehmer in Gruppen zwischen zwölf bis 20 Personen, weil in dem Training natürlich Learning by doing großgeschrieben wurde.

Die Teilnehmer kamen alle nach vier bis fünf Wochen noch mal zusammen, um aufbauend auf den Praxiserfahrungen die Handhabung mit der haptischen Verkaufshilfe zu perfektionieren. Durch dieses Intervall war eine hohe Erfolgsquote gesichert. Bei den vielen verschiedenen Gesellschaften und auch bei den Teilnehmern der offenen Seminare betrug das durchschnittliche Umsatzplus im ersten Jahr 30 bis 35 Prozent in allen Personenversicherungssparten. Das waren stolze Zahlen. 1992 entwickelten wir nach einem Amerikabesuch ein Selbstlernprogramm, bestehend aus einem 50-Minuten-Film (auditiv und visuell), einer Audio-Kassette zur Wiederholung (auditiv) und einer Broschüre (auditiv und visuell und ein wenig haptisch) in Kombination mit der haptischen Verkaufshilfe. Seit 1989 wurden zahlreiche weitere haptische Verkaufshilfen patentiert und erfolgreich eingesetzt.

17.3 Haptische Verkaufshilfen im praktischen Einsatz

Stellen Sie sich vor, Sie nehmen einen Zollstock, einen Würfel, ein paar Dominosteine und einen haptischen Menschen mit ins Kundengespräch. Im Gespräch zeigen Sie dem Kunden die rote Karte, hantieren mit Spielgeld und lassen ihn – Sie kennen das schon – mit einer Geldmaschine selbst Geldscheine »produzieren«.

Laufen Sie Gefahr, von Ihren Kunden als nicht ganz zurechnungsfähig bezeichnet zu werden? Nein – ich denke, Sie sind auf dem besten Weg, auf intelligente Weise die haptischen Verkaufshilfen so miteinander zu kombinieren, dass Ihrem Kunden schlagartig der Nutzen Ihrer Produkte deutlich wird. Damit Sie zu dieser intelligenten Kombination in der Lage sind, stelle ich Ihnen nun die kundenorientiertesten Verkaufshilfen und ihre Einsatzgebiete vor. Es gibt übrigens noch mehr Verkaufshilfen, und immer wieder werden neue kreiert. Vielleicht auch demnächst von Ihnen? Denn wer einmal »haptisches Blut« geleckt hat, kommt nicht mehr so leicht davon los.

Aber Achtung: Passen Sie auf, dass Sie nicht übertreiben – es soll kein Spielwarenladen werden. Setzen Sie besser gezielt ein oder zwei haptische Highlights in Ihrem Verkaufsgespräch ein. Sie gehen ja nach dem *Phantom der Oper* bestimmt auch nicht am selben Abend noch in *Starlight Express*.

Rundumversorgung mit dem »haptischen Lebenswürfel«

Das Leben ist bunt wie ein Kaleidoskop und umfasst mehr als nur zwei Seiten – wie es bei einer Medaille der Fall ist. Und es hat auch mehr als sechs Seiten, mehr als sechs Aspekte – wie es bei einem Würfel ist. Vor allem dann, wenn man zwischen den »guten Seiten« – den Wünschen und Zielen, die wahrscheinlich jeder Mensch hat – und den Lebensrisiken unterscheidet, mit denen wiederum so gut wie jeder konfrontiert wird. Und jeder dieser Aspekte bietet Ihnen einen Ansatz, Ihren Produktnutzen auf einige jener Wünsche und Ziele und Risiken zu beziehen. Dieses Prinzip macht sich der »haptische Lebenswürfel« zunutze.

Der »haptische Lebenswürfel« ist die gelungene Synthese eines patentierten Werbeartikels, einer vornehm designten Symbolik und einer idealen Verkaufsphilosophie für die Rundum-Beratung Ihres Kunden. Die

Abbildung 45: Normaler Würfel

Beschaffenheit und die Konstruktion des Würfels verleiten den Kunden zum Anfassen und Ausprobieren.

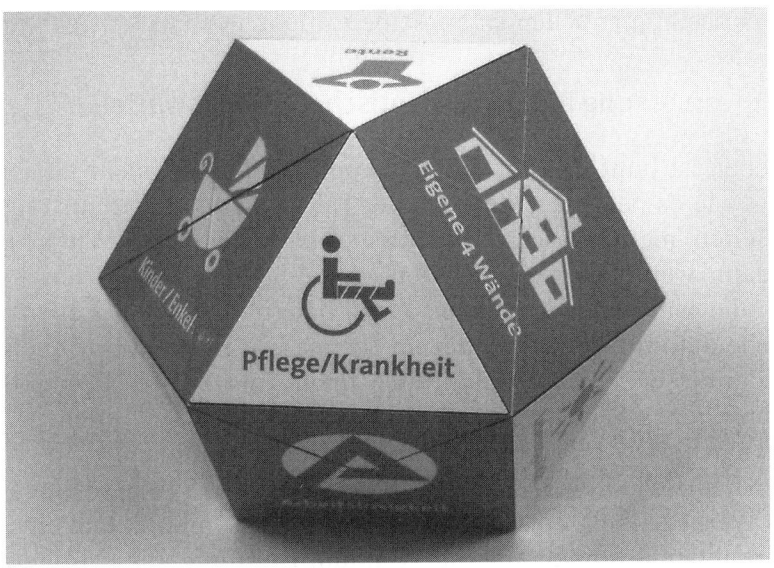

Abbildung 46: Würfel in Diamantform

Das Prinzip: Aus dem sechsseitigen Lebenswürfel wird mit nur wenigen Griffen ein »Diamant« mit 14 Seiten, der mit integrierten Magneten in seiner Form gehalten wird. So be-greift Ihr Kunde in Sekunden, wie vielseitig das Leben sein kann – im Guten wie auch im Schlechten. Und jetzt haben Sie die Möglichkeit, Ihr Produkt und Ihren Produktnutzen auf zumindest einige dieser Lebensbereiche zu beziehen.

Nehmen wir als Beispiel den Versicherungsbereich: Die sieben guten Seiten, die Wünsche und Ziele, sind: »Heirat«, »Kinder/Enkel«, »Vermögensaufbau«, »Lebensqualität«, »Studium«, »Eigene vier Wände« und »Rente«. Die sieben schlechten Seiten, die Lebensrisiken, schließlich sind: »Unfall«, »Armut«, »Pflege/Krankheit«, »Arbeitslosigkeit«, »Sachschäden«, »Scheidung« und »Tod«.

Abbildung 47: Würfel mit 14 Seiten

Geben Sie Ihrem Kunden den Lebenswürfel einfach direkt in die Hand, fordern Sie ihn auf, aus dem Würfel einen Diamanten zu falten. Und fragen Sie ihn dann, welche Themen ihm wichtig sind. Oder: Fordern Sie ihn alternativ auf, kurz zu würfeln, um den Zu-Fall entscheiden zu lassen.

Ganz gleich, wie Sie vorgehen: Als Versicherungsvermittler haben Sie jetzt die Möglichkeit, auf diejenigen Lebensbereiche einzugehen, die dem Kunden vor allem am Herzen liegen. Und weil der »haptische Lebenswürfel« so viele Lebensaspekte thematisiert, ist es wahrscheinlich, dass das den Kunden derzeit interessierende Thema tatsächlich mit dabei ist. Mithilfe des Würfels erkennt und be-greift der Kunde seinen Bedarf in

Sekunden. Und im Idealfall haben Sie sogar einen Ansatzpunkt, in eine Rundum-Beratung, in der viele oder alle Lebensbereiche zur Sprache kommen, einzusteigen – das Cross-Selling wird erleichtert, das Gespräch läuft geradezu darauf hinaus.

Die Abbildung zeigt idealtypisch, wie der Lebenswürfel im Bereich »Sicherung der Gesundheit« hilft, den Kunden zu verschiedenen Versicherungsmöglichkeiten hinzuleiten.

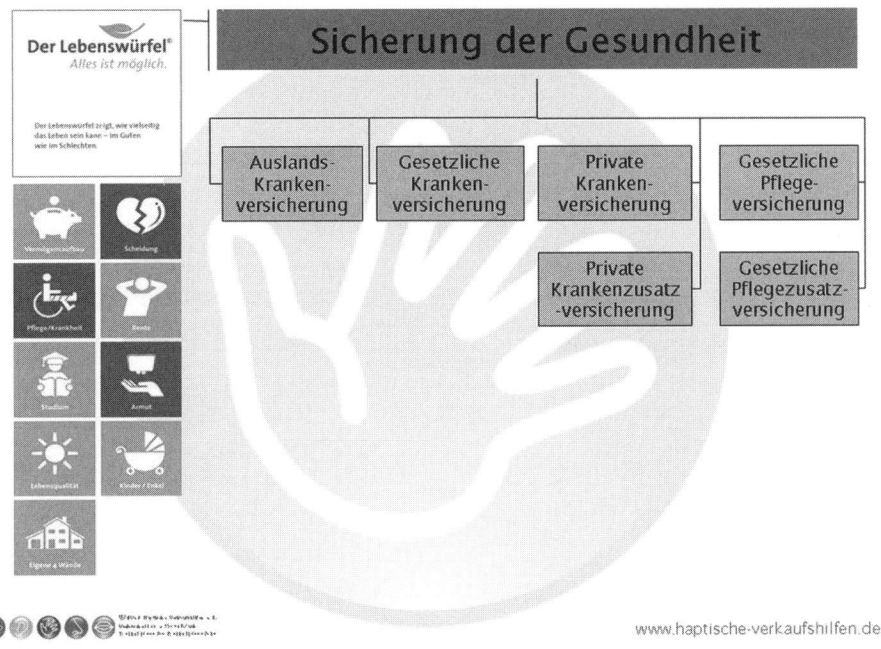

Abbildung 48: Gesundheitssicherung

Mit »haptischen Dominosteinen« die Lebensziele des Kunden kennenlernen

Mit dieser haptischen Verkaufshilfe gelingt es Ihnen, den Lebenszielen des Kunden auf die Spur zu kommen – und damit seinem Motivationsprofil: Was bewegt ihn wirklich? Mithilfe der Dominos erhalten Sie Informationen über den Kunden, die Ihnen helfen, Ihr Verkaufskonzept, Ihre Argumentation und Ihr Angebot auf den Kunden abzustimmen. Denn die Dominosteine verleiten den Kunden dazu, Ihnen seine Motivation und Lebensziele mitzuteilen.

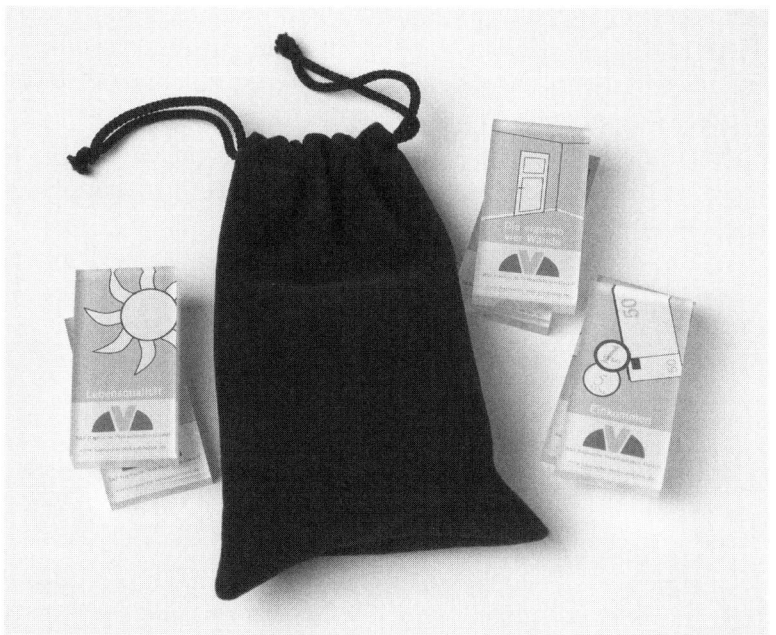

Abbildung 49: Sack mit Dominos

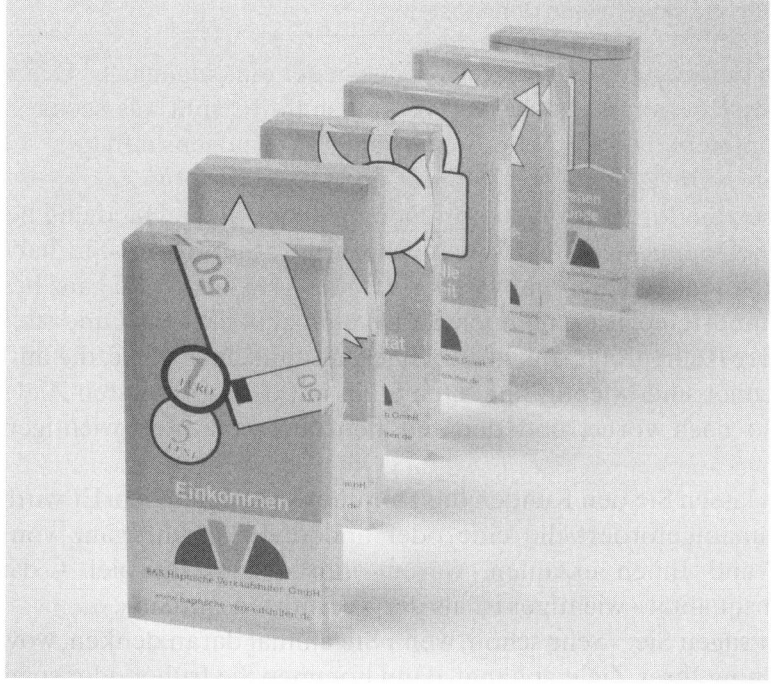

Abbildung 50: Sechs Dominosteine

Abbildung 51: Umgefallene Dominosteine

Und so funktioniert es – ich verwende wieder ein eingängiges Beispiel aus dem Versicherungsbereich: Die Verkaufshilfe besteht aus sechs Steinen: »Einkommen«, »Finanzielle Sicherheit«, »Vermögensaufbau«, »Lebensqualität«, »Die eigenen vier Wände« und »Reise/Hobby«.

Geben Sie Ihrem Kunden fünf Dominosteine in die Hand und behalten Sie den Dominostein »Einkommen« zurück. Sie sagen: »Sie haben bestimmt schon einmal Domino gespielt, oder? Hier, das sind ganz besondere Dominosteine. Bitte nehmen Sie sie einmal in die Hand und stellen Sie sie in der Reihenfolge auf, in der Ihnen die einzelnen Ziele, die auf Ihnen verzeichnet sind, wichtig sind. Den Stein mit dem wichtigsten Ziel stellen Sie also nach vorne, und den mit dem am wenigsten wichtigen nach hinten.«

Nun lassen Sie den Kunden die Dominosteine aufstellen. Er wird Ihnen dabei unaufgefordert die eine oder andere Erklärung ganz von selbst geben und Ihnen erzählen, warum ihm – zum Beispiel – das Ziel »Lebensqualität« wichtiger ist als der »Vermögensaufbau«.

Jetzt sagen Sie: »Sehr schön, wenn Sie einmal daran denken, wovon die Erreichung Ihrer Ziele abhängt, dann kommen Sie früher oder später (Sie zeigen nun dem Kunden den Dominostein »Einkommen«) auf diesen

Stein hier, auf Ihr Einkommen. Wenn irgendwann einmal das Einkommen plötzlich wegfällt, dann fallen auch die Ziele mit um (Sie stellen nun den Dominostein »Einkommen« vor oder hinter die Reihe der anderen Steine und stoßen ihn um, sodass alle anderen auch umfallen) – wie der Dominoeffekt hier zeigt. Lassen Sie uns heute einmal gemeinsam über ein Konzept reden, wie Sie Ihre Ziele mit großer Sicherheit erreichen.«

Mit einiger Wahrscheinlichkeit ist der Kunde nun an einer, an Ihrer Lösung interessiert. Er möchte sein Einkommen sichern, um seine Lebensziele zu verwirklichen – und da kommen Sie mit Ihrem Angebot gerade recht(zeitig).

Mit dem »haptischen Haushaltsplan« Zahlenspiele verdeutlichen

Ich nehme wiederum ein Beispiel aus dem Versicherungsbereich: Sie haben bereits erfahren, dass Zahlen in der linken logischen Hirnhälfte verarbeitet werden und fast keine Vorstellungsbilder in der rechten Gehirnhälfte erwecken und somit auch nicht die so wichtigen Emotionen mit sich bringen. Wenn man also mit dem Kunden seine finanzielle Situation durchspricht, nützt das wenig. Wenn man visuelle Hilfen nutzt wie Grafiken, dann ist das schon besser. Noch besser ist es, mit Geldstapeln zu arbeiten. Aber am besten ist eine Art Planspiel.

Als Erstes nehmen Sie den Haushaltsplan (Brutto) und bringen diesen in das Sichtfeld des Kunden. Ihr Blick sollte dabei ebenfalls auf den Haushaltsplan gerichtet sein. Dann fragen Sie den Kunden nach seinem Brutto-Einkommen, geben ihm den Haushaltsplan und einen Stift und fordern ihn auf, seine Zahlen selbst einzutragen.

Beginnen Sie beim Brutto-Einkommen. Dann fragen Sie nach seinen Steuerzahlungen und seinen Sozialabgaben. Auch hier animieren Sie Ihren Kunden, diese Zahlen wieder einzutragen, und zwar im Feld Arbeit.

Nun soll der Kunde das Netto-Einkommen auf die einzelnen Felder verteilen. Wenn der Kunde seine Zahlen nicht kennt oder nicht nennen will, nehmen Sie die jeweils oben angegebenen durchschnittlichen Prozentzahlen. (Diese Prozentzahlen basieren auf Zahlen des Statistischen Bundesamtes bei Einkommensgruppen von monatlich 1.000 bis 6.500 Euro.) Übrigens – Sie werden feststellen, dass die Zahlen bei der »Mobilität« fast immer zu niedrig sind, aber das sind die statistischen Durchschnittswerte. Vermutlich braucht ganz Deutschland die Illusion, dass Autofahren gar nicht so teuer ist.

Nachdem Sie in allen Bereichen eine Zahl stehen haben, gehen Sie wieder nach oben und besprechen den Eintritt der Rente mit – in den meisten Fällen noch – 65 Jahren. Dann gehen Sie wieder alle Bereiche

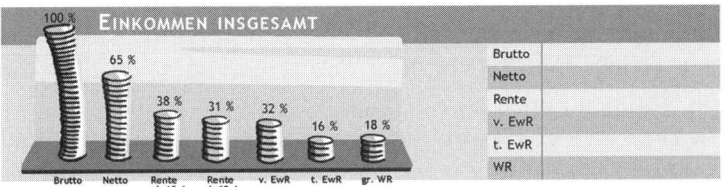

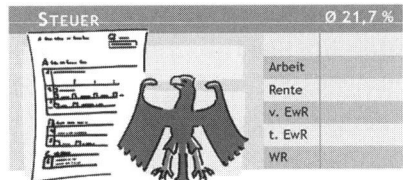

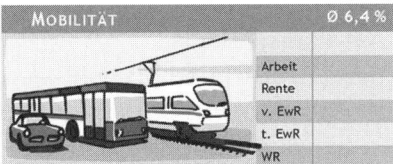

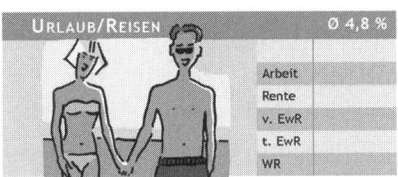

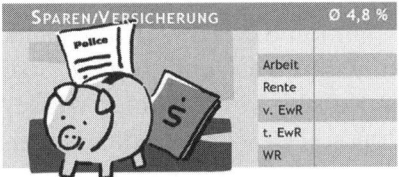

Abbildung 52: Haushaltsplan

nacheinander durch und lassen den Kunden selbst einteilen, wie er mit seiner Rente auskommen will; es wird schwer für ihn. Lassen Sie dem Kunden Zeit, damit die Zahlen und die Situation genügend Eindruck hinterlassen. Dann gehen Sie zu den Bereichen »volle Erwerbsminderungsrente«, »halbe Erwerbsminderungsrente« und »große Witwenrente« über.

Nachdem der Kunde seine Zahlen begriffen hat, bieten Sie ihm wie gewohnt die passenden Produkte an, die er braucht und finanzieren kann. So ist bedarfsgerechter Verkauf in kurzer Zeit möglich.

Noch haptischer und noch eindrucksvoller wird der Umgang mit dem Haushaltsplan, wenn Sie anstatt mit Stift und Zahlen mit Spielgeld arbeiten.

Abbildung 53: Geldscheine

Sie geben dem Kunden am Anfang keinen Stift, sondern fragen nach seinem Brutto-Einkommen, geben ihm das Geld gerundet und lassen ihn dann, anstatt Zahlen einzutragen, das Geld auf die Felder verteilen. Bei der Rente lassen Sie dem Kunden nur den Rentenbetrag, lassen ihn neu verteilen und so weiter.

Es ist wichtig, dass der Kunde seine Einbußen spürt, damit er die nötige Motivation hat, schon heute das Richtige für seine Zukunft zu tun.

Mein Gründungspartner Manfred Bergfelder hatte früher immer ein kleines Geldsäckchen aus Samt, gefüllt mit Münzen, dabei. Dann ließ er die verschiedenen Einkommens- und Rentensituationen vom Kunden selbst nachbilden.

Abbildung 54: Münzgeld

Beispiel: Der Kunde stapelt zehn Münzen für 100 Prozent Brutto-Einkommen, daneben sieben Münzen für sein Netto-Einkommen, dann kommt die Altersrente, und der Kunde wird aufgefordert, drei von den sieben Münzen wegzunehmen. Da können Sie beobachten, wie ihm das manchmal wehtut, und Sie wissen, dass diese starke Reaktion mit der verbalen Zahl niemals hervorzurufen ist. Dann kommt die vorzeitige Rente mit 62, der Kunde soll jetzt noch mal eine Münze runternehmen. Damit muss er auch auskommen, wenn er aus gesundheitlichen Gründen überhaupt nicht mehr arbeiten kann: volle Erwerbsminderungsrente. Dann soll der Kunde noch einmal eine Münze wegnehmen, das ist die Rente bei halber Erwerbsminderungsrente und bei der Witwenrente. Das Ganze erhebt nicht den Anspruch, 100-prozentig genau zu sein, aber es stellt die Verhältnisse besser klar als gesprochene Zahlen und Worte.

Übrigens: Mittlerweile gibt es auch den »haptischen Vorsorgetaler«, das sind Goldmünzen. Die Erfahrung zeigt, dass der Kunde mit dem, was glänzt, noch lieber spielt als mit den planen Geldscheinen und Geldmünzen. »Mit Gold ist jede Festung zu erobern« – hier bewahrheitet sich mal wieder ein altes Sprichwort. Mit den Vorsorgetalern hinterlassen Sie beim Kunden den stärksten Eindruck.

Mit dem »haptischen Menschen« (Häppi) das Kundengespräch steuern

Der »haptische Mensch« ist die erfolgreichste haptische Verkaufshilfe im deutschen Markt. Bei der Einführung dieser Verkaufshilfe entstand auch der Kosename Häppi. Dieser Kosename ist vielen im Markt bekannt, und deshalb gestatten Sie, dass ich diesen Spitznamen ab jetzt für den »haptischen Menschen« gebrauche. Häppi ist aus Aluminium, der Sockel ist blau eloxiert und sehr hochwertig gearbeitet. Die Beschriftung ist nicht aufgedruckt, sondern eingraviert und somit gegen Abnutzung geschützt.

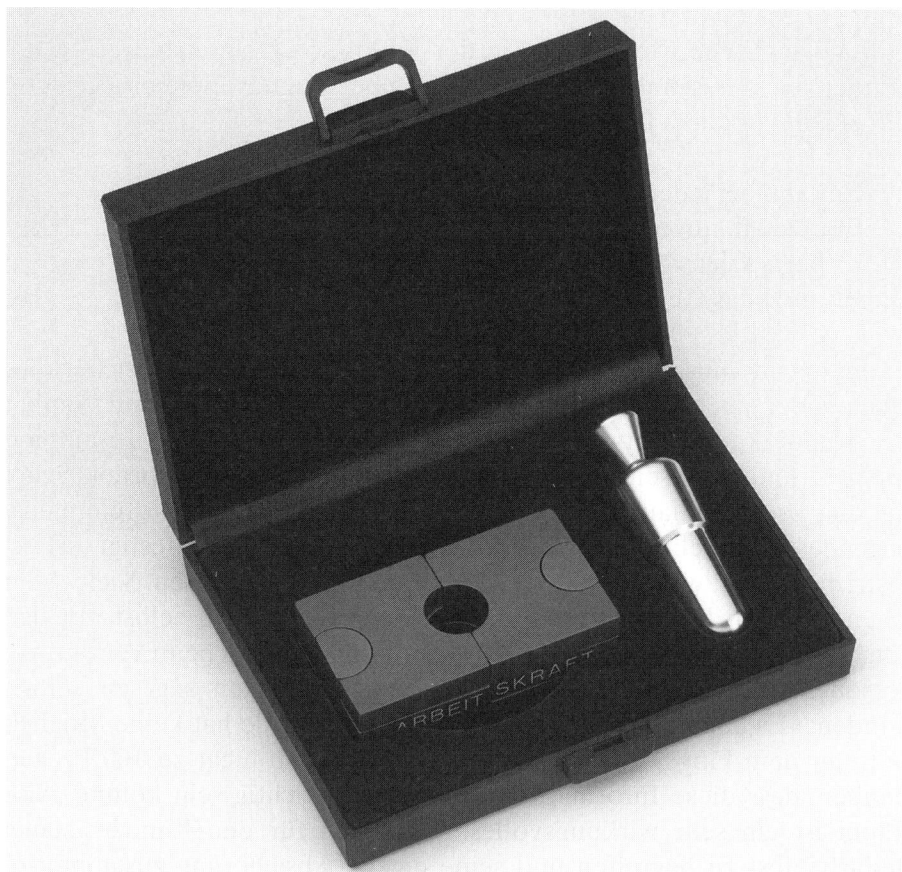

Abbildung 55: Häppi im Koffer

Sie können diese Verkaufshilfe sowohl im Büro als auch beim Kunden einsetzen. Führen Sie Häppi dem Kunden wann immer möglich vor Augen – am besten so, dass Häppi auffallen muss und nicht im Getümmel von verschiedenen anderen Dingen untergeht. Nun gibt es zwei Möglichkeiten: Entweder der Kunde blickt nur einen kurzen Augenblick auf Häppi und spricht seine Frage »Was ist denn das?« nicht aus. Dann machen Sie sofort die rhetorische Überleitung, vielleicht mit einem Satz wie: »Sie fragen sich wahrscheinlich, was das wohl für eine Figur ist?« Und schon sind Sie mitten im Thema. Oder der Kunde spricht seine Frage selbst aus – und dann sind Sie sofort mitten im Thema »Einkommensabsicherung«.

Beim Kunden stellen Sie den Häppi möglichst bald auf den Tisch. Dann geht es genauso weiter wie im Büro. Wenn Sie wegen irgendeines ganz anderen Themas zum Kunden gekommen sind und der Kunde fragt gleich zu Beginn nach der Figur, dann stellen Sie diese Frage einfach zurück und behandeln zunächst Ihr erstes Thema, das geht dann schneller – und das zweite Thema wird nicht vergessen.

Der »haptische Mensch« ist in der Praxis so erfolgreich, weil er den Kunden leichter, schneller und einfacher überzeugt. Häppi berücksichtigt und erfüllt vor allem folgende Punkte:

1. Er kann bei jedem Kunden eingesetzt werden.
2. Er erzeugt automatisch Neugier.
3. Er berücksichtigt die Psyche des Kunden.
4. Er nutzt das Gehirn ganzheitlich.

Häppi macht »unsichtbare« Waren, wie zum Beispiel den Versicherungsschutz oder auch Finanzdienstleistungsprodukte, sichtbar und fühlbar. Der Kunde kann so etwa seinen Versicherungsschutz selbst zusammenbauen – und anfassen. Das hat einen ganz erheblichen Vorteil. Schon Buddha sagte: »Glauben heißt selbst prüfen.« Denken Sie einmal an folgendes Beispiel: An einer Parkbank ist ein Schild befestigt »Frisch gestrichen«. Na, was machen die Menschen? Klar: anfassen. Viele Menschen glauben dieser Information nicht, bevor sie nicht selbst mit dem Finger geprüft haben, dass es stimmt. Und genauso ist es beim Verkauf von Personenversicherungen. Der Versicherungskaufmann sagt zu seinem Kunden: »Es kann etwas passieren!«, aber der Kunde hat keine Möglichkeit, mit dem Finger zu prüfen, und kann deshalb nicht zu 100 Prozent glauben, dass diese Information auch für ihn wichtig sein könnte. Also: Häppi ist ein sehr wirkungsvolles Hilfsmittel für den Kunden, seinen Bedarf selbst zu begreifen und seine eigene Absicherung zusammenzubauen.

Nun zur praktischen Anwendung: Der Ablauf teilt sich in sechs Einzelschritte auf, die durch die Gestaltung und Funktionsweise der haptischen Verkaufshilfe vorgegeben sind. Es folgt nun ein Mustergespräch. Bitte gebrauchen Sie dieses Mustergespräch nur als Beispiel. Es soll als roter Faden im Gespräch dienen, aber die Worte ersetzen Sie bitte durch Ihre gebräuchlichen, Ihrem Dialekt und Ihrer Mentalität entsprechenden Worte. Egal, ob Sie zum Kunden fahren und zu Beginn des Gesprächs die haptische Verkaufshilfe gleich auf den Tisch stellen oder ob der Kunde in Ihr Büro kommt und die haptische Verkaufshilfe auf dem Schreibtisch findet, Sie leiten damit sofort über auf das Thema Personenversicherungen.

Häppi im Einsatz – ein Mustergespräch

Kunde: »Was ist denn das?«
Verkäufer: »Dies ist ein Modell, um Versicherungsschutz einmal plastisch darzustellen. Herr Kunde, stellen Sie sich einmal vor, diese kleine Figur ist ein Mensch, der mit beiden Beinen mitten im Leben steht. Seine persönliche Leistungsfähigkeit, seine Arbeitskraft, ist das Podest seines Lebens. Und dieses Podest ist die Garantie für ein angenehmes Leben. Denn eins ist klar: Wer gesund und munter ist und arbeiten kann, dem geht es im Leben immer gut.«
Kunde: Stimmt zu.
Verkäufer: »Gut, nur einmal angenommen, dieses Podest, die Arbeitskraft, wäre beeinträchtigt oder nicht mehr vorhanden. Was glauben Sie, was mit dieser Figur ohne dieses stützende Podest geschieht?«
Kunde: »Die Figur fällt hin.«

Abbildung 56: Häppi umgefallen

Verkäufer: »Probieren Sie es aus! Ziehen Sie einmal rechts und links den Block auseinander. Stimmt, der fällt auf die Nase, denn ohne festen Boden unter den Füßen kann niemand stehen. Das konnten Sie soeben selbst feststellen.«
Kunde: »Ja.«
Verkäufer: »Lässt sich dieses kleine Spiel, diese Situation, nicht haargenau auf das tagtägliche Leben übertragen oder kennen Sie jemanden, auf den das nicht zutrifft?«
Kunde: »Nein.«
Verkäufer: »Gut. Also was braucht man, um immer gut dazustehen? Ein Reservepodest.«
Kunde: »Richtig.«
Verkäufer: »Das hat Vater Staat auch ganz klar erkannt und deshalb fürsorglich für die meisten seiner Bürger einen Grundsockel durch die gesetzliche Versorgung geschaffen, die gesetzlichen Renten- und Krankenversicherungen. Nun nehmen Sie einmal die Bausteine der gesetzlichen Grundversorgung und prüfen die Standfestigkeit der Figur, wenn man sich nur auf das verlässt, was der Staat gesetzlich verlangt.«

Abbildung 57: Häppi wieder aufgestellt 1

Kunde: Stellt die Figur in den Sockel. »Gesetzliche Versorgung.«
Verkäufer: »Na, Herr Kunde, was sagen Sie?«
Kunde: »Nicht besonders stabil.«

Verkäufer: »Stimmt, da braucht nur einmal etwas passieren, das die Arbeitskraft herabsetzt – schon fällt die Figur wieder um. Wer also mehr Halt und Sicherheit im Leben haben will, nimmt das Heft selbst in die Hand und erhöht den Grundsockel. Bauen Sie mit diesen beiden Bausteinen das Podest weiter auf und überprüfen Sie dann erneut die Standfestigkeit der Figur. Wie sieht sie jetzt aus?«
Kunde: »Besser.«

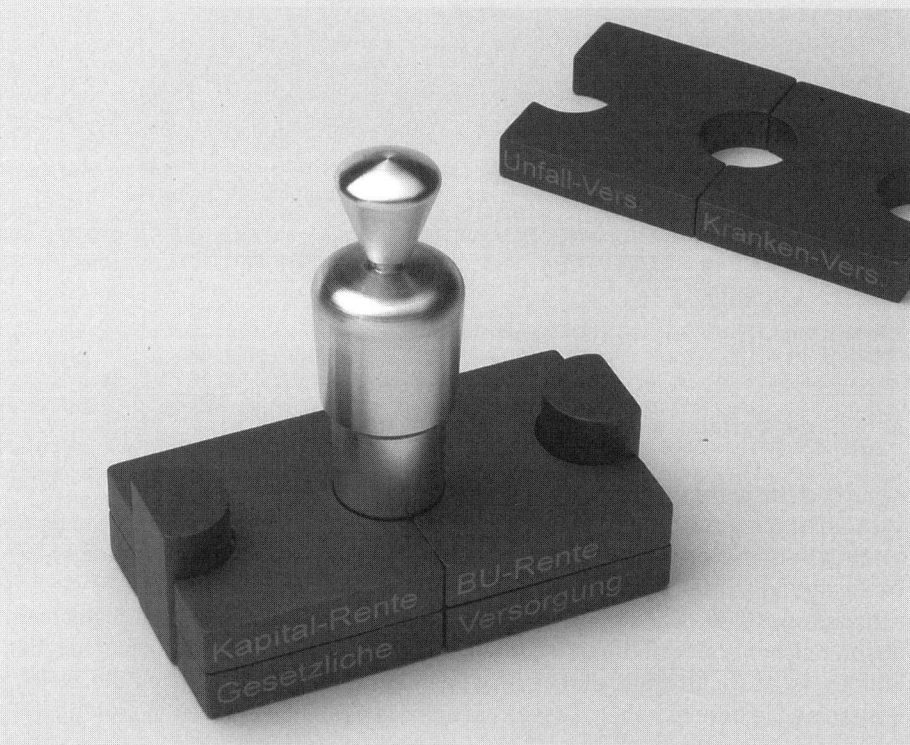

Abbildung 58: Häppi wieder aufgestellt 2

Verkäufer: »Ja, Sie sehen, die Sicherheit und die finanzielle Unabhängigkeit einer Kapitallebensversicherung und die lebenslange Garantie des gewohnten Einkommens durch eine Berufsunfähigkeitsversicherung verleihen der Figur eine erheblich höhere Standfestigkeit. Die Figur wackelt jetzt zwar noch, aber Umfallen ist nicht mehr möglich. Sie steht schon ganz gut da.«
Kunde: Stimmt zu.
Verkäufer: »Sehr gut, Herr Kunde, die Arbeitskraft sind 100 Prozent, also sollte die Sicherheit auch 100-prozentig sein. Ergänzen Sie die letzten beiden Bausteine. Wie sieht es nun aus?«

Abbildung 59: Häppi wieder aufgestellt 3

Kunde: »Jetzt steht die Figur wieder stabil.«
Verkäufer: Ausgezeichnet. Sie sehen, die Unfallversicherung gibt einem die finanzielle Hilfe dann, wenn man sie ganz besonders braucht, und die Krankentagegeldversicherung garantiert das Einkommen. Eine Kette ist eben nur so stark wie das schwächste Glied. Ganz gleich, von wo der Wind jetzt bläst, diese Figur steht absolut sicher und fest. Damit Sie für sich das passende Podest zusammenstellen können, ist es wichtig, hier und heute gemeinsam einmal kurz zu ermitteln, welche Bausteine Sie bereits haben. Lassen sie uns das deshalb gemeinsam prüfen.«

Der Kunde hat seinen Bedarf jetzt erkannt und ist hoch motiviert, sein persönliches Podest zu überprüfen. Nun kann der Verkäufer in der gewohnten Art und Weise den Bedarf ermitteln und die passenden Produkte anbieten. Diese fünf oder vier Minuten als Start in das Thema Personenversicherung schaffen eine solide Basis für den erfolgreichen Verkauf von Personenversicherungen.

Nun noch einmal zur Wiederholung die Einzelschritte:

- Die Figur stellt symbolisch einen Menschen dar, dem es gutgeht. Grundlage ist die Arbeitskraft.
- Wenn die Arbeitskraft wegfällt, fällt auch die Figur auf die Nase. Deshalb ist ein Reservepodest wichtig, damit man immer gut dasteht. Wie sieht so ein Podest aus?

- Den Grundsockel bildet die gesetzliche Versorgung. Nun prüfen Sie die Standfestigkeit. Steht die »Arbeitskraft« nur ein klein wenig schräg – schon fällt die Figur um.
- Deshalb ist die Eigeninitiative des Kunden nötig, um das Podest höher zu bauen – etwa durch die Schaffung von Rentenkapital und Einkommensgarantie durch Berufsunfähigkeitsversicherung. Falls Sie einmal nicht mehr arbeiten können, hat die Figur schon wesentlich mehr Stabilität.
- 100 Prozent Sicherheit gibt es nur durch die zusätzliche Unfall- und Krankentagegeldversicherung.
- Dann sagen Sie: »Lassen Sie uns gemeinsam prüfen, welche Bausteine Sie schon haben und wie Ihr ganz persönliches Sicherheitspodest zurzeit aussieht.«

Die haptische Verkaufshilfe ist wegen ihrer psychologischen Funktion ein optimales »Bei-Spiel« für den Personenversicherungsverkauf:

1. Die eigene aktive Beteiligung des Kunden verhindert eine Abwehrhaltung.
2. Die haptische Verkaufshilfe erscheint in ihrer abstrakt typisierten Gestaltung als idealer »Jedermann«.
3. Trotzdem demonstriert der Kunde sich selbst mit der haptischen Verkaufshilfe seine eigene Gefährdung besonders drastisch.
4. Somit entwickelt sich der Verkäufer vom Angreifer zum Verbündeten.
5. Der Kunde wird nicht mit Hilflosigkeit konfrontiert, er behält die Situation buchstäblich im Griff, er kann aktiv handelnd Sicherheit aufbauen.
6. Die Bausteine machen Sicherheit und Stabilität sinnlich erfahrbar.
7. Der Verkäufer wird entlastet, weil er die Aktivität an den Kunden delegieren kann.
8. Die aus Bausteinen zusammengesetzte haptische Verkaufshilfe spricht die seelische Komplettierungstendenz an. Der Kunde will ein vollständiges Produkt.

Die Gestaltung, die Handhabung und die Funktion von Häppi berücksichtigen wissenschaftliche Erkenntnisse, wie Informationen optimal vom Kunden aufgenommen werden. Der Kunde kann sich der Neugier auslösenden Wirkung der haptischen Verkaufshilfe nicht entziehen. Durch die bildhafte Vorstellung hat er sofort den Wunsch nach mehr Halt und Sicherheit. Viele Kollegen, die schon mit Häppi arbeiten, schilderten in Briefen oder bei einem Erfahrungsaustausch innerhalb der Seminare sehr oft folgende Kundenreaktionen:

- Ich habe an einen »Fall« in der Verwandtschaft gedacht.
- Ich habe mich fallen gesehen.
- Ich habe mich kippen gesehen.

Weil der Kunde also nicht mehr insgeheim denkt »Mir passiert sowieso nichts«, sondern seinen Bedarf begriffen hat, will er entsprechenden Versicherungsschutz. Die Folge sind viele Abschlüsse, mit denen Sie bisher nicht gerechnet haben, und Abschlüsse, wo es bisher oft trotz umfangreicher Information und präziser Berechnungen geheißen hat: »Ich möchte mir das noch einmal überlegen.« Denn Vorstellungsbilder wirken direkt über die rechte Gehirnhälfte auf das Gefühl. Und Sie wissen, der Mensch entscheidet zu 95 Prozent aus dem Gefühl.

Die Häppi-Variationen

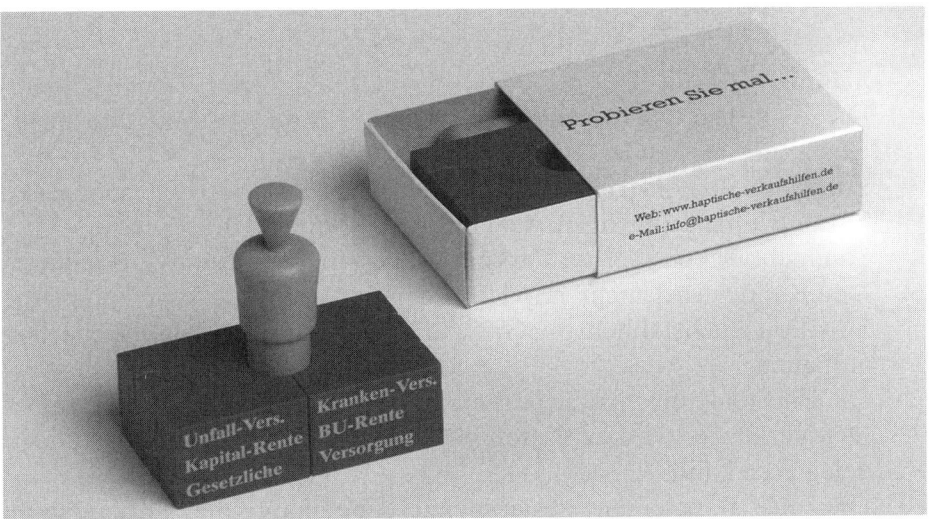

Abbildung 60: Mini-Häppi

Der Mini-Häppi ist der »kleine Bruder« des »haptischen Menschen«. Zur Gesprächsüberleitung, als Erinnerungsgeschenk oder zur Empfehlung ist er der ideale Verstärker, um Kundenbeziehungen zu festigen oder neue zu knüpfen. Mini-Häppi besteht aus Kunststoff und ist in einer Kartonage verpackt; auf der Rückseite befindet sich der Gesprächsleitfaden in Wort und Bild mit Informationen zum optimalen Gebrauch.

Wenn Sie beim Kunden persönlich mit dem Mini-Häppi etwa ins Thema Einkommensabsicherung einsteigen wollen, empfiehlt es sich, dem Kunden die Schachtel schon halb geöffnet zu überreichen.

Viele Praktiker haben sehr gute Erfahrungen damit erzielt, Mini-Häppi im Brief oder Mailing als Beileger ganz oder nur die Figur mit dem Teil »Gesetzliche Versorgung« mitzuschicken. Die Ergebnisse zeigten klar und deutlich, dass sie mit dieser haptischen Beilage eine sehr viel höhere Aufmerksamkeitsquote und damit eine bessere Abschlussbereitschaft beim Kunden erzeugten.

Erkenntnis:
Kleine Geschenke fördern die Freundschaft und den Umsatz.

Der Analyse-Häppi unterscheidet sich äußerlich von dem »haptischen Menschen« nur wenig, ist jedoch im Ziel und im Aufbau wesentlich anders. Die Beschriftung ist anders, und die Figur hat auf der Brust »Wünsche und Ziele« stehen. Die Seitenbolzen sind nicht auf der mittleren Ebene, sondern mit der obersten Ebene fest verbunden. Wenn Sie auf das Thema Analyse überleiten wollen, nehmen Sie die haptische Verkaufshilfe in die Hand und zeigen sie dem Kunden. Dadurch entsteht wieder Neugier, und damit gelingt dann in 90 Prozent aller Fälle sofort die interessante Einleitung ins Gespräch.

Häppi im Einsatz – noch ein Beispiel:

Abbildung 61: Analyse-Häppi – Wünsche-Ziele 1

Verkäufer: »Jeder Mensch hat Wünsche und Ziele.« (Lassen Sie dem Kunden Zeit – 21, 22, 23 –, um nachzudenken, um Ihren Gedanken nachvollziehen zu können.) »Diese Wünsche und Ziele kann er jedoch nur verwirklichen, wenn die nötige Basis vorhanden ist, nämlich wenn er genügend Geld hat und seine Finanzen in Ordnung sind.« (Wieder Zeit lassen, vielleicht möchte der Kunde kommentieren.) »Fällt diese Basis Geld und Finanzen plötzlich ganz oder teilweise weg, dann besteht auch oft nicht mehr die Möglichkeit, sich die ersehnten Wünsche und Ziele zu erfüllen.« Der Verkäufer zieht das Podest nun auseinander oder – auf jeden Fall besser – der Kunde selbst zieht die beiden Blöcke Geld + Finanzen auseinander.

Abbildung 62: Analyse-Häppi – Wünsche-Ziele 2

(Wieder Zeit lassen, um die emotionale Betroffenheit entstehen zu lassen.) »Jaja, das liebe Geld ist schon wirklich eine besonders wichtige Basis unseres ganzen Lebens. Nun, im Laufe des Lebens lernt jeder Mensch viele mehr oder weniger freundliche und kompetente Helfer kennen, die behaupten, bei der Erfüllung seiner Wünsche und Ziele helfen zu können. Zuerst ist da fast immer eine Bank mit Konten, Sparverträgen und Ähnlichem. Kurz danach folgen die Versicherungen, die auf der einen Seite schützen und auf der anderen Seite auch beim Sparen helfen wollen. Das reicht aber als Basis alleine nicht aus, probieren Sie es mal bitte selbst aus.«

Der Kunde stellt jetzt die Figur in die erste unterste Ebene und sieht, wie wackelig die Angelegenheit ist. »Die meisten Menschen in diesem Land haben früher oder später einen Bausparvertrag oder die eine oder andere alternative Kapitalanlage, Investmentfonds oder eine Immobilie et cetera.«

Der Kunde bekommt wieder die Figur, um die Standfestigkeit noch einmal zu prüfen. »Nun, das sieht dann schon besser aus. Aber dieses Sammelsurium von verschiedenen Verträgen bei den vielen verschiedenen Instituten, das so im Laufe der Jahre entstanden ist, ist nicht besonders stabil, da die Verträge zumeist nicht ineinandergreifen und auch nicht aufeinander abgestimmt sind« (wieder Zeit lassen zur Zustimmung). »Erst eine Wirtschafts-, Vermögens- oder Finanzberatung von einem unabhängigen Dritten macht aus dem Sammelsurium von Verträgen ein Ganzes. Erst diese unabhängige Analyse bringt ans Licht, welche Verträge zueinanderpassen und wie Sie Ihre Wünsche und Ziele garantiert erreichen. So passen die Dinge zueinander und so stimmt's – das Ganze ist mehr als die Summe seiner Teile.«

Abbildung 63: Deutschland-Häppi

Des Weiteren gibt es mittlerweile den Deutschland-Häppi – der Hintergedanke: Durch die drei Farben Schwarz, Rot und Gold be-greift der Kunde schnell das aktuelle Versorgungssystem in Deutschland, seine Neugier wird noch mehr stimuliert als beim »normalen« Häppi.

Mit dem »haptischen Haus« zum Wohlfühlhaus

Das »haptische Haus« dient als Symbol, um den Wunsch nach den eigenen vier Wänden anzusprechen. Es besteht aus acht Buchenholz-Teilen, die in vier verschiedenen Farben attraktiv aufeinander abgestimmt sind. Durch einen besonderen Stiftmechanismus kann es je nach Art des Aufbaus entweder beim Wegfall der Arbeitskraft einstürzen oder durch die Komponenten »Lebensversicherung« und »Berufsunfähigkeitsversicherung« zusammengehalten werden. Die ergänzende Bodenplatte bekräftigt und unterstützt diesen Mechanismus. Egal, ob Sie das »haptische Haus« im Büro oder beim Kunden auf den Tisch stellen: Der Kunde reagiert mit Neugier, und das bedeutet, dass Sie schon mitten im Thema sind. Ich gebe Ihnen drei Beispiele:

- Dem Kunden wird deutlich, dass er den Wunsch nach einem eigenen Haus nur mithilfe seiner Arbeitskraft (Einkommensquelle) verwirklichen kann. Ihr Ziel: Sie sprechen die Themen »Lebensversicherung« und »Berufsunfähigkeitsversicherung« an.
- Der Kunde begreift, wie wichtig es ist, frühzeitig Eigenkapital zu bilden. Ziel: Bausparen und Lebensversicherung und Berufsunfähigkeitsversicherung.
- Der Kunde erkennt, dass, falls seine Arbeitskraft wegfällt, die finanzielle Grundlage seiner Immobilie zusammenbricht. Ziel: Lebensversicherung und Berufsunfähigkeitsversicherung.

Hier ein paar Tipps zum erfolgreichen Einsatz: Sie platzieren das »haptische Haus« am besten genau an der Stelle, wo der Kunde gewöhnlich Platz nimmt. Und am allerbesten so, dass auch sonst nichts mehr danebensteht. So fällt dem Kunden das »haptische Haus« sofort auf.

Wie die meisten haptischen Verkaufshilfen repräsentiert auch das »haptische Haus« nichts anderes als Textbausteine, die der Kunde und Sie anfassen können. Sie müssen die Handhabung und die dazu passenden Texte aus dem Effeff beherrschen. Am Anfang gilt es, ein bisschen zu üben, um den Gesprächs- und den synchronen Handlungsablauf zu beherrschen.

Abbildung 64: Haus im Sack

Das »haptische Haus« im Einsatz – ein Beispiel:

Die Bodenplatte (Lebensversicherung mit Tilgungsgarantie) liegt mit der Beschriftung nach unten, dann setzen Sie darauf zunächst das Fundament Arbeitskraft.
Verkäufer: » Herr Kunde, um sich irgendwann einmal den Wunsch von den eigenen vier Wänden zu erfüllen, brauchen Sie Ihre Arbeitskraft, denn damit verdienen Sie Ihr Einkommen, und mit diesem Einkommen können Sie sich Ihren Lebensstandard erhalten und sich Ihren Wunsch nach den eigen vier Wänden erfüllen.«

Abbildung 65: Haus in Einzelteilen

Dann bauen Sie die einzelnen vertikalen Bausteine darauf auf. Beginnend mit dem Eigenkapital, die Beschriftung zum Kunden.
Verkäufer: »Und wer regelmäßig ausreichend Geld verdient, hat die Möglichkeit, das nötige Eigenkapital in Ruhe zu bilden.«
Dann nimmt der Verkäufer den Baustein »Hypothek«.

Abbildung 66: Hausbau 1

Verkäufer: »Wer das nötige Eigenkapital hat, der bekommt auch von der Bank seiner Wahl die passende Hypothek.«
Dann kommt der Baustein »Finanzamt«.

Abbildung 67: Hausbau 2

Verkäufer: »Das Finanzamt hilft dann noch mit Steuervorteilen, so wird das Ganze noch günstiger.«
Dann kommt der letzte Baustein »Bausparen«.

Abbildung 68: Hausbau 3 – Fertigstellung

Verkäufer: »Mit einem Bausparvertrag schützt sich der Hausbesitzer vor Zinserhöhungen und sorgt für Modernisierung, Aus- und Anbauten schon rechtzeitig vor. Und so haben Sie und Ihre ganze Familie eine solide Absicherung und immer ein eigenes Dach über dem Kopf. Und was passiert mit dem Haus, wenn plötzlich Ihre Einkommensquelle Arbeitskraft wegfällt?«

Abbildung 69: Hauseinsturz

Nun animiert der Verkäufer den Kunden, das Podest Arbeitskraft auseinanderzuziehen. Sollte der Kunde das nicht wollen, zieht der Verkäufer es selbst auseinander. Dann lässt der Verkäufer das Bild vom zusammengefallenen Haus wirken (er zählt 21, 22, 23) und sagt zum Kunden: »Und damit so etwas gar nicht passieren kann, muss man das ganze Vorhaben von vornherein richtig anpacken und das richtige Fundament haben, nämlich die Lebensversicherung mit Tilgungsgarantie.«

Abbildung 70: Richtfest – Haus mit Tilgungsgarantie

Dann baut der Verkäufer darauf das Haus erneut zusammen, Stein für Stein, bis hin zum Dach mit der Sonnenseite zum Kunden, gibt dem Kunden das gesamte Haus und sagt: »Jetzt ziehen Sie noch mal auseinander und sie werden sehen, solange keine rohen Kräfte walten, hält das Haus sicher und fest.«

Wenn Sie so vorgehen, gelingt es Ihnen, dem Kunden in relativ kurzer Zeit einen komplexen Zusammenhang zu vermitteln und ihm zu verdeutlichen, dass der Traum von den eigenen vier Wänden durchaus realisierbar ist.

Mit dem »haptischen Zollstock« Kundennutzen veranschaulichen

Kommen wir gleich zum Praxiseinsatz des Zollstocks: Sie bringen den Zollstock ins Sichtfeld des Kunden und klappen ihn auseinander. Richten Sie den Zollstock jetzt so aus, dass der Kunde die Zahlen richtig herum sieht. Dann bauen Sie den Blickkontakt zum Kunden auf.

Mit dem haptischen Zollstock gelingt es Ihnen, besonders bei jungen Kunden, schon frühzeitig über die Altersversorgung zu reden. Junge Kunden, die sich die Zeiträume nicht vorstellen wollen und können, blocken meistens mit Aussagen wie »Wer weiß, wie alt ich überhaupt werde« oder »Dazu habe ich später immer noch Zeit« das Gespräch ab. Rhetorisch ist der junge Kunde also nur schwer zum Thema Altersversorgung zu bewegen. Aber mit dem Zollstock gelingt dies meistens!

Haptische Verkaufshilfen im praktischen Einsatz

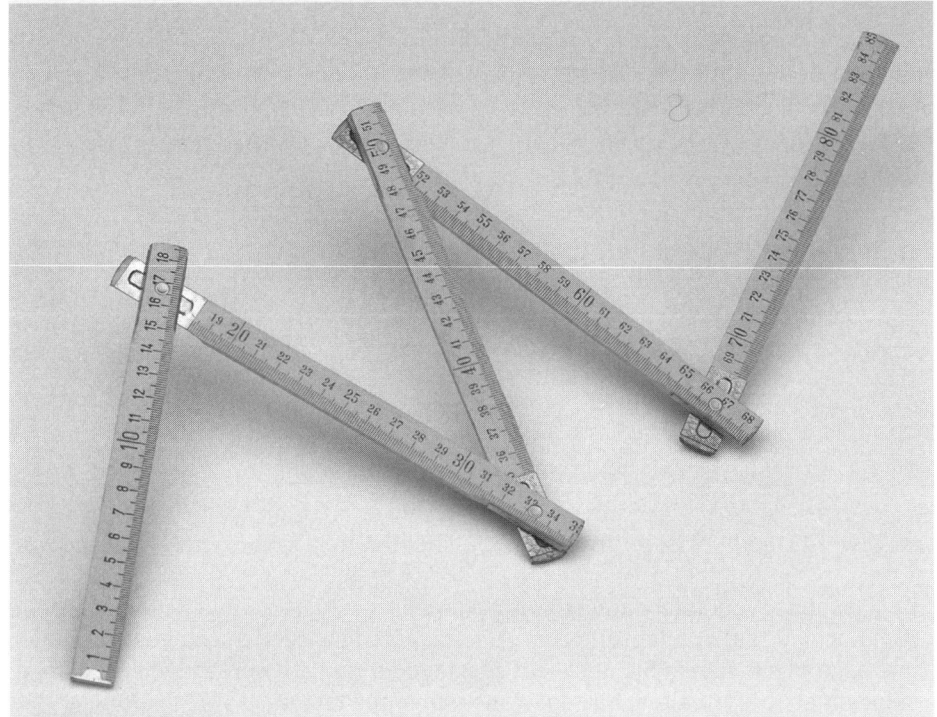

Abbildung 71: Zollstock

Der »haptische Zollstock« im Einsatz – ein Beispiel:

»Herr Kunde, stellen Sie sich bitte einmal vor, das wären keine Zentimeter, sondern Lebensjahre ... Wie alt sind Sie? Zeigen Sie bitte einmal darauf.« Der Verkäufer wartet. Der Kunde soll und wird in fast allen Fällen jetzt auf sein momentanes Alter zeigen, dann lässt der Verkäufer den Kunden die Stelle festhalten und übergibt den Zollstock auf dieser Seite.
Der Verkäufer blickt nun auf das Ende des Zollstocks zur 85 und dann den Kunden an. »Sehr gut, und wie alt wollen Sie werden?« Jetzt animiert der Verkäufer den Kunden, auch dieses Ende selbst in die Hand zu nehmen. Idealerweise hält der Kunde den Zollstock fest. Nun zeigt der Verkäufer auf den Bereich zwischen 55 und 65 und überlässt wieder dem Kunden die Entscheidung. »Nun noch eine Frage, wie lange gehen Sie denn ganz realistisch und wahrscheinlich noch arbeiten?« Der Verkäufer wartet, bis der Kunde seine Entscheidung mitteilt.
Verkäufer: »Wunderbar, Herr Kunde. Sie sehen nun sehr gut drei Zeiträume, einmal die Zeit, die seit Ihrer Geburt schon vergangen ist, dann die Zeit bis zu Ihrem wohlverdienten Ruhestand und die Zeit darüber hinaus. Und die Frage, die sich stellt, ist natürlich, wie Sie auf der einen Seite jetzt gut leben können, aber auf der anderen Seite genügend Geld für später zurücklegen, um sich ein sorgenloses Leben zu leisten.«

Mit der »haptischen Insel« zum Zusatzverkauf

Hier ein paar Tipps zum erfolgreichen Einsatz: Mit der »haptischen Insel« verfahren Sie am besten genauso wie mit jeder anderen haptischen Verkaufshilfe: Sie bringen sie in das Sichtfeld des Kunden, und fangen nach kurzer Zeit an zu sprechen.

Abbildung 72: Insel

Es gibt bei der »haptischen Insel« vor allem ein Ziel: ergänzend ein oder zwei Produkte zu verkaufen.

> **Die »haptische Insel« im Einsatz – ein Beispiel:**
> »Herr Kunde, einmal angenommen, Sie wären auf einer schönen Insel im Meer. Und Sie könnten die Zeit in vollen Zügen genießen, alles, was Sie zum Leben brauchen, wäre vorhanden. Eines Tages bei einem Unwetter fällt Ihnen dann plötzlich auf, dass ein Gewitter einmal so stark werden könnte, dass eine Sturmflut mit dem Unwetter kommt und die Insel angreift. Einmal angenommen, das wäre so: Wie würden Sie sich gegen eine solche drohende Sturmflut schützen? Wahrscheinlich würden Sie einen Damm bauen. Im wirklichen Leben haben Sie so etwas Ähnliches auch schon getan, Sie haben Vorsorge getroffen mit der x-Versicherung.«
> Der Verkäufer gibt dem Kunden den Stein x-Versicherung und lässt ihn den Stein auf irgendeine Seite der Insel legen. »Sehr gut, natürlich kann die Welle auch von den anderen Seiten kommen, was dann?«
> Jetzt gibt der Verkäufer dem Kunden noch zwei weitere vorher ausgesuchte Steine mit der y- und der z-Versicherung. »Gut, Herr Kunde, rundum sicher fühlt man sich jedoch nur, wenn man von allen Seiten geschützt ist. Was ist mit dieser Seite?«

Haptische Verkaufshilfen im praktischen Einsatz

> Jetzt gibt der Verkäufer dem Kunden den vierten Stein mit der Versicherung, die dem Kunden noch fehlt, um rundum abgesichert zu sein. »Wie sieht es damit aus, haben Sie diese Verträge vielleicht schon bei einem anderen Versicherer, oder?«

Die »haptische Insel« ist in ihrer Handhabung so einfach, dass sie von jedem, der die Geschichte einmal erlebt hat, ein für alle Mal verstanden wird.

Noch ein paar Gedanken zur Symbolik dieser Verkaufshilfe: Die Insel ist absichtlich sehr abstrakt gehalten, damit jeder Betrachter sich seine eigene Inselart vorstellen kann. Der eine liebt nun mal die Südsee und der andere Norderney. Menschen und deren Vorstellungen sind sehr verschieden. Das ist genau der Grund für die einfache Gestaltung. Wenn Sie die einzelnen »Produkt«-Bausteine ins Gespräch bringen, sollten Sie die Produktnutzen begleitend zum Einsatz der Insel kommunizieren. Auf den Bausteinen sind mit Absicht die Produkte aufgeführt, da die Symbolik den Nutzen besser darstellen kann als noch so schöne Worte.

Mit der »haptischen Medaille« das Kundenherz gewinnen

Diese haptische Verkaufshilfe ist in der Planung das Idealwerkzeug, um den ewigen Traum eines Verkäufers, den Kunden wirkungsvoll rundum beraten zu können, umzusetzen. Ein Versicherungsvermittler zum Beispiel kann mit ihr dem Kunden in drei bis fünf Minuten acht Versicherungsprodukte nahebringen.

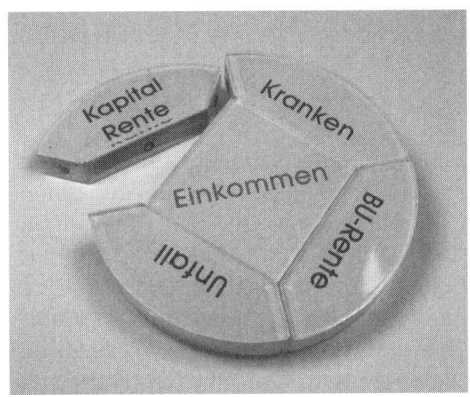 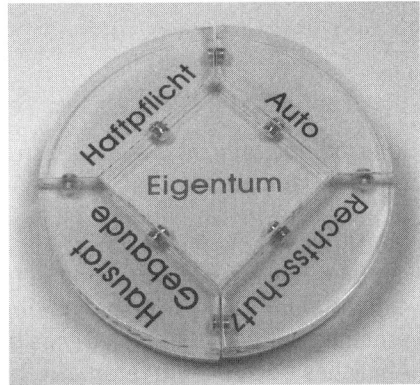

Abbildung 73: Medaille

Das Material ist entweder Holz oder hochwertiger Kunststoff. Die »haptische Medaille« besteht aus einem quadratischen Mittelteil und vier gleichförmigen Seitenteilen, die an das Mittelteil fest angedockt werden können und dann von selbst halten. Vorder- und Rückseite sind bedruckt.

> **Die »haptische Medaille« im Einsatz – ein Beispiel:**
>
> »Herr Kunde, Sie haben Ihr Eigentum rundum gut abgesichert mit Auto-, Hausrat-, Haftpflicht- und Rechtsschutzversicherung. Sie wissen, jede Medaille hat zwei Seiten. Wussten Sie schon, dass Ihr wertvollstes Eigentum Ihr Einkommen ist? Solange Sie arbeiten können, gesund und munter sind, ist Ihr Einkommen sicher. Sollten Sie einmal aus irgendwelchen gesundheitlichen Gründen nicht mehr arbeiten können, dann ist nur der richtige Versicherungsschutz Garantie für eine zumindest finanziell abgesicherte Zukunft.
> Nehmen Sie bitte diese Bausteine und fügen Sie diese mittig ein. Heute soll es ganz besonders um zwei Fragen gehen: Sind die vorhandenen Versicherungen wirklich passend? Und haben Sie rundum den richtigen Versicherungsschutz? Denn Sie wissen, jede Kette ist nur so stark wie ihr schwächstes Glied. Nur der rundum richtige Schutz gibt Ihnen 100-prozentige Sicherheit.«

Bei der Medaille gilt: Es ist gleich, auf welcher Seite oder mit welchem Baustein Sie anfangen oder aufhören – der Kunde und Sie kommen sowieso immer auf beide Seiten zu sprechen. Schneller und deutlicher kann man dem Kunden nicht acht verschiedene Versicherungsprodukte vor Augen führen und in Erinnerung bringen.

Mit dem »haptischen Vorsorge-Baum« Bedarfslücken veranschaulichen

Nicht nur, aber vor allem beim Verkauf von Finanzdienstleistungen im Bankbereich stellen sich immer dringender die folgenden Fragen:

- Wie sprechen wir die Kunden erfolgreich auf bestimmte Bedarfsfelder an?
- Wie engagieren wir Kunden emotional im Verkaufsgespräch?
- Wie nutzen wir alle Eingangskanäle beim Kunden?
- Wie verstärken wir die emotionale Wirkung unseres Gesprächs?

Hermann Niehaus hat mehrere haptische Verkaufshilfen und Methoden entwickelt, die mehr für Banken und Sparkassen geeignet sind, natürlich mit dem Ziel, die unsichtbare Ware »Finanzprodukte« dem Kunden sichtbar und begreifbar zu machen, um den Kauf und den Verkauf zu erleichtern. Mit kreativen neuen Verkaufshilfen können Sie den Kunden direkt vor Ort auf sein Bedarfsfeld hin ansprechen. Er erkennt seine Bedarfslücke genau und stimmt einer Beratung oder einer Terminvereinbarung schneller zu.

Haptische Verkaufshilfen im praktischen Einsatz

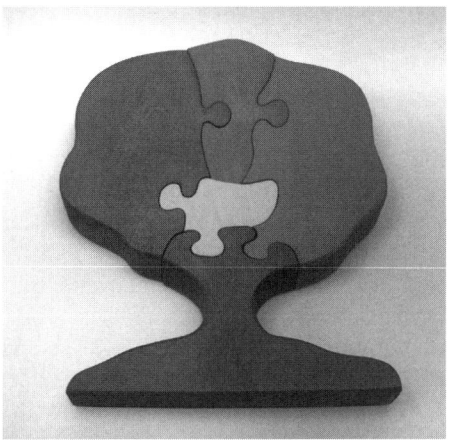

Abbildung 74: Vorsorge-Baum komplett

Doch nun zum Vorsorge-Baum, den Sie ja bereits kennengelernt haben. Ich gehe die Sache wieder möglichst praxisorientiert an: Er steht auf Ihrem Beratungstisch, dient dort als Blickfang für den Kunden und weckt dessen Neugier. Und dann setzen Sie ihn als Verkaufshilfe ein:

Der »haptische Vorsorge-Baum« – ein Beispiel:

Der Baum dient als Eye-Catcher. Der Kunde schaut auf den Baum und fragt nach dessen Sinn. Der Verkäufer ist nun sofort im Verkaufsgespräch – der Anstoß dazu kam sogar vom Kunden. Jetzt kann er den Kunden – zum Beispiel – auf das Bedarfsfeld »Altersvorsorge« ansprechen. Oder der Verkäufer zeigt dem Kunden den Baum. Er gibt ihm den Baum in die Hand und lässt ihn den Baum zerlegen.
Verkäufer: »Herr Kunde, Sie sehen, hier geht es um Ihre Altersvorsorge.«
Kunde: »Altersvorsorge? Wieso?«
Verkäufer: »Herr Kunde, lassen Sie uns die nötige Zeit nehmen, dann können wir beide das für Sie so wichtige Thema eingehend besprechen.«
Kunde: »Gut.«
Verkäufer: »Sehen Sie, jede Art der Vorsorge benötigt eine starke Wurzel, die fest im Boden ruht und den Stamm hält. Dann können der Stamm und die Krone in den Jahren wachsen und für Sie den Ertrag bringen, der Ihre Altersvorsorge sichert.«

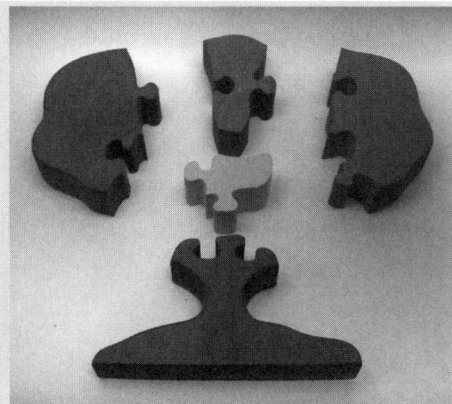

Abbildung 75: Vorsorge-Baum zerlegt

> Der Verkäufer zerlegt die Krone und gibt die Teile dem Kunden. »Sehen Sie, der größere Teil ist die Rente, die Sie von Vater Staat erhalten. Etwa 45 Prozent des heutigen Nettogehaltes fehlen Ihnen als Rentner im Verhältnis zum gewohnten Einkommen. Über diese Lücke und wie Sie diese füllen werden, darum soll es im Folgenden gehen.«
> Nun zeichnet der Verkäufer dem Kunden die Lücke auf, er führt ein visualisiertes Verkaufsgespräch. Der Kunde sieht während des gesamten Gesprächs die Lücke in der Baumkrone, er weiß also, worum es geht. Und er wird schriftlich/bildlich durch das Gespräch geführt. Zum Abschluss bekommt er das »visualisierte Verkaufsgespräch« mit nach Hause. So kann er immer nachvollziehen, was er gekauft hat und wieso.
> Außerdem erhält er als »Anker« den Vorsorgebaum im Miniformat. Immer wenn er den kleinen Baum sieht, denkt er in einem positiven Sinn an das Verkaufsgespräch. Er ist dann bei einer neuen Ansprache eher bereit, wieder bei diesem Verkäufer abzuschließen. So verstärken die haptischen Verkaufshilfen die Kundenbindung, erhöhen die Abschlussquote und die Cross-Selling-Quote.

Der Baum wird in verschiedenen Größen in der Praxis benutzt. Als Schaufensterdekoration ist er ca. ein Meter hoch, als Eye-Catcher und Verkaufshilfe rund 30 Zentimeter und als Giveaway und Gesprächsanker ca. fünf Zentimeter hoch. Auch lassen sich die verschiedensten Bedarfsfelder in den unterschiedlichsten Branchen mit dem Vorsorge-Baum ansprechen.

Der »haptische Geldschein«: Geld zerreißen mit Gewinn

Wie auch der »haptische Zollstock« dient der »haptische Geldschein« dazu, Kundennutzen zu veranschaulichen.

Abbildung 76: Intakter Geldschein

Der »haptische Geldschein« im Einsatz – ein Beispiel:

Der Verkäufer zeigt seinem Kunden einen vergrößerten 100-Euro-Schein und sagt nach einer Pause: »Herr Kunde, stellen Sie sich einmal vor, das wäre Ihr jetziges Netto-Einkommen.« Der Kunde blickt den Verkäufer fragend an und stimmt dann zu. Der Verkäufer misst mit Augenmaß oder Lineal aus und zerreißt den 100er knapp über der Hälfte bei 55 Prozent und gibt dem Kunden dann die 55 Prozent des Scheins. Dazu sagt er: »Sehen Sie, Herr Kunde, sobald Sie in Ihrem wohlverdienten Ruhestand sind, haben Sie nur noch ca. 55 Prozent Ihres jetzigen Nettogehaltes! Reicht Ihnen das?«

Abbildung 77: Zerrissener Geldschein

> Er legt die Scheinhälften nebeneinander, sodass zwischen den Scheinen eine Lücke ist. »Lassen Sie uns einmal über diese Lücke sprechen und schauen, wie wir sie füllen können.«
> Wird jetzt ein späterer Termin vereinbart, dann erhält der Kunde den linken Teil des Scheins mit der aufgeschriebenen Terminvereinbarung als Erinnerung. Wenn das Gespräch weitergeht, zeichnet der Verkäufer die Lücke auf ein Beratungsblatt, trägt das Alter des Kunden ein und sein gewünschtes Rentenalter, dazu zeichnet er die Vision des Kunden, was er alles nach seiner Pensionierung tun möchte.
> Dann lässt er den Kunden mit einer Rentenuhr oder einem Rentenschieber die voraussichtliche Rentenhöhe errechnen und in sein Bild eintragen. Nun analysiert er mit dem Kunden, welche Anlagen er schon für seine Altersvorsorge hat und wie hoch die jetzige Rentenlücke noch ist. Anschließend macht der Verkäufer seine Vorschläge, wie die Lücke geschlossen werden kann und wie viel der Kunde monatlich dafür einsetzen sollte. Hier geht es nicht mehr um Geld, das der Kunde übrig hat, sondern darum, wie viel er bereit ist, für seine finanzielle Absicherung zu investieren.

Dem Kunden mit der Roten Karte Dringlichkeit anzeigen

Die Gelbe und Rote Karte kennt so gut wie jeder – aus dem Fußball. Nun gibt es Sie auch als haptische Verkaufshilfe: Mit ihr können Sie den Kunden auf die Dringlichkeit aufmerksam machen, sich zum Beispiel um Versorgungslücken zu kümmern.

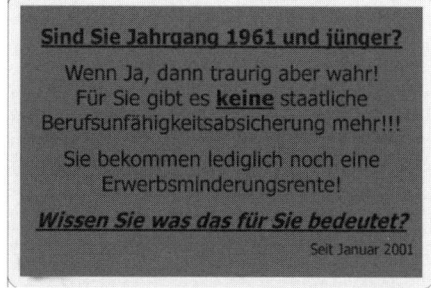

Abbildung 78: Rote und Gelbe Karte

Und so funktioniert es: Am besten tragen Sie die beiden Karten in der Brusttasche Ihres Hemdes, wie ein Schiedsrichter. Der Effekt lohnt sich. Natürlich setzen Sie die Karten freundlich und sympathisch ein und nicht mit der Miene eines Schiedsrichters.

> **Die Karten im Einsatz – ein Beispiel:**
>
> Der Verkäufer zieht die beiden Karten aus der Brusttasche und beginnt mit folgenden Worten: »Herr Kunde, wissen Sie, was diese Karten beim Fußball bedeuten?« Wahrscheinlich wird der Kunde wissen, dass die Gelbe Karte eine Verwarnung ist und die Rote ein Platzverweis. Wenn nicht, erklärt der Verkäufer es. Dann bittet er den Kunden: »Wenn Sie sich jetzt eine aussuchen müssten, welche würden Sie nehmen?« Mit großer Wahrscheinlichkeit nimmt er die Gelbe Karte. Dann lässt er ihn die Rückseite lesen. Wenn der Kunde Jahrgang 1961 und jünger ist, dann ist die rote Karte leider für ihn die richtige. Der Clou: Auf der Rückseite findet der Kunde eine wichtige Information und liest die Begründung für folgende Sachverhalte:
>
> - Die Gelbe Karte ist die »Verwarnung« für die Jahrgänge 1960 und älter, da diese nur noch einen reduzierten staatlichen Berufsunfähigkeitsschutz haben.
> - Die Rote Karte ist der »Platzverweis« für alle Jahrgänge 1961 und jünger, da die Betroffenen seit 2001 keinen staatlichen Berufsunfähigkeitsschutz erhalten.

Mit dem »haptischen Kuli« gegen das Kunden-Nein

Die Fußball-Karten sind – wie auch die bereits vorgestellten Preis-Nutzen-Karten, mit denen Sie die Einwandbehandlung optimieren – gut geeignet, den Argumentationsprozess voranzutreiben. Denn mit ihnen verdeutlichen Sie dem Kunden, wie dringlich es ist, eine Vorsorge zu treffen.

Einen Schritt weiter gehen Sie mit dem »haptischen Kuli«, mit dem Sie dem Kunden-Nein begegnen und auf den Abschluss zusteuern. Ich möchte dies wieder mit einem Beispiel aus dem Versicherungsbereich verdeutlichen.

Wenn der Kunde sich nicht entschließen kann, den nötigen Versicherungsschutz abzuschließen, dann nutzen Sie den »haptischen Kuli«. Dieser ist knallrot – das Rot signalisiert: Achtung! Sie sagen: »Herr Kunde, letztendlich ist es Ihre Entscheidung, wann und ob Sie den für Sie richtigen und wichtigen Versicherungsschutz beantragen, bitte bedenken Sie aber auf jeden Fall zwei Punkte: Sie brauchen den Versicherungsschutz spätestens 24 Stunden vor dem Schaden. Und wann das ist, weiß keiner, nur so funktionieren überhaupt Versicherungen. Und wenn das Kind in den Brunnen gefallen ist, ist es zu spät. Der Schaden trifft Sie selbst in voller Höhe und in vollem Umfang.«

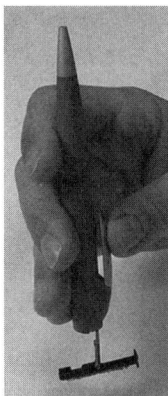

Abbildung 79: Kuli mit Stempel

Dann fahren Sie fort: »Wissen Sie, über die Jahre hat in der Vergangenheit schon mal der eine oder andere Kunde vergessen, dass er über das Risiko, das entsteht, wenn er den richtigen Versicherungsschutz nicht hat, informiert wurde. Und dann hat er wahrscheinlich aus der Not heraus behauptet: ‚Darüber hat mit mir keiner gesprochen' oder ‚Hätte ich das gewusst, dann hätte ich das gemacht.' Dann war der Schaden da, und dann kam auch noch der Ärger dazu.

Herr Kunde, es ist Ihre Entscheidung, und damit wir beide irgendwann später nicht mal Ärger miteinander kriegen, sind Sie bitte so freundlich und unterschreiben hier, dass Sie über das Risiko informiert sind und den nötigen Versicherungsschutz nicht wünschen.«

Jetzt klappen Sie den Stempel aus dem Kuli – der Stempel hat folgenden Aufdruck:

VERSICHERUNGSSCHUTZ NICHT GEWÜNSCHT.

Es gibt die folgende Alternative:

FÖRDERUNG NICHT GEWÜNSCHT (für Riester- oder Rürup-Rente)

Sie bringen den Aufdruck direkt neben dem Angebot an, klappen den Stempel wieder zu, schreiben Ort und Datum daneben und fordern den Kunden höflich auf, daneben zu unterschreiben.

Die Erfahrung zeigt: Mehr als 30 Prozent aller Kunden fragen dann zum Beispiel: »Mmh, was ist denn in der Versicherung alles enthalten?« oder »Muss das denn so teuer sein?« oder »Kann ich mir das denn noch mal überlegen?«

17.4 Wie Sie mit haptischen Verkaufshilfen das gesamte Kundengespräch begleiten

Erinnern Sie sich noch an das Beispiel, in dem Sie erfahren haben, wie Sie die einzelnen Gesprächsphasen Ihrer Kundengespräche haptisch gestalten? Mittlerweile haben Sie viele weitere haptische Verkaufshilfen kennengelernt – im Folgenden lesen Sie eine kurze und knappe Übersicht, wie ein rundum haptisches Gespräch strukturiert sein könnte.

Diese Übersicht möchte ich mit der Ihnen bekannten Übung »Learning by doing« kombinieren: Nehmen Sie sich ein wenig Zeit und notieren Sie auf einem Notizblock, wie Sie die einzelnen Phasen eines Gesprächs haptisch aufbereiten würden, das für Ihren Berufsalltag typisch ist.

Begrüßung mit haptischen Berührungsgesten und Hinleitung zum Besprechungstisch

- Beispiele: Handschlag, Schulterklopfen, Berührung am Oberarm, über den »haptischen Geldteppich« gehen lassen
    - Welche haptischen Gesten bevorzugen Sie? Tipp: Stimmen Sie sie auf den Kundentypus ab!
- Sitzordnung: nebeneinandersetzen, über Eck setzen
    - Welche haptische Sitzordnung ist für Sie am besten geeignet?

Phase »Vertrauensaufbau«

- Beispiele: mit haptischer Visitenkarte arbeiten, Präsent überreichen (etwa »Mini-Vorsorge-Baum«)
    - Welche haptischen Möglichkeiten nutzen Sie für den Vertrauensaufbau?

Phase »Interesse erregen« und »Bedarf ermitteln und wecken«

- Beispiele: den Kunden zum Agieren und Handeln bewegen: selbst schreiben lassen, Broschüren und Prospekte zeigen, selbst rechnen lassen (mit Taschenrechner), Flipchart, Pinnwand etc. einsetzen
- mit »haptischen Dominosteinen« Lebensziele herausfinden
- mit »haptischem Lebenswürfel«, »haptischem Zollstock«, Roten/Gelben Karten oder »zerrissenem Geldschein« Bedarf aufzeigen. Oder Häppi und/oder »haptisches Haus« und »Vorsorge-Baum« einsetzen
- In dieser Phase lassen sich die meisten der haptischen Verkaufshilfen nutzen, um den Kunden neugierig zu machen und ihm einen Bedarf aufzuzeigen.
    - Welche haptischen Möglichkeiten nutzen Sie für diese Phase?

Phase »Argumentationsphase«

- Beispiele: mit Preis-Nutzen-Karten die Berechtigung des Preises erörtern, mit haptischem Menschen Produktnutzen veranschaulichen
- gerade hier, aber auch in den anderen Phasen die haptische Sprache nutzen: »… diese Vorteile sind nicht von der Hand zu weisen …«
    - Welche haptischen Verkaufshilfen helfen Ihnen in der Argumentationsphase ganz besonders weiter?

Phase »Einwandbehandlung«

- Beispiele: mit Preis-Nutzen-Karten Preis verteidigen und Nutzen betonen, mit »haptischem Kuli« Kunden-Nein kontern
    - Mit welchen haptischen Möglichkeiten können Sie typischen Einwänden begegnen, mit denen Sie immer wieder zu tun haben?

Phase »Abschluss«

- Beispiele: Vereinbarung mit Handschlag oder anderen Berührungsgesten beschließen; haptisches Geschenk überreichen oder für After Sales nutzen
    - Wie gestalten Sie den Gesprächsabschluss haptisch?

18 Die Wirkungsweise der haptischen Verkaufshilfen

Was passiert eigentlich, wenn Sie eine haptische Verkaufshilfe einsetzen?

- Sie haben den Kunden in Sekundenbruchteilen angesprochen, ihm drastisch seinen Bedarf aufgezeigt, ihn neugierig gemacht. Der Kunde hat begriffen, worum es geht.
- Der Kunde nimmt die Botschaft emotionaler auf, damit wird er viel stärker in den Beginn des Verkaufsgesprächs einbezogen.
- Durch diese wesentlich höhere Intensität entsteht sehr oft die Situation, dass der Kunde von selbst fragt, was er denn nun tun soll. Die Idealvoraussetzung für den erfolgreichen Verkauf.
- Beim haptischen Verkauf werden parallel und simultan alle drei Lernkanäle bedient, dadurch ist der Lern- und Erinnerungseffekt zigfach höher.

Die haptische Verkaufshilfe berücksichtigt die Wirkung der AIDA-Formel:

- A   Attention   Aufmerksamkeit erregen   Geldschein zeigen
- I   Interest   Interesse wecken   Geldschein zerreißen
- D   Desire   Besitzwunsch auslösen   Bedarf begreifen
- A   Action   Abschluss   Kunden durch eigenes Tun selbst entscheiden lassen

Der kaufende Kunde, der durch eigenes Mittun und hohes Interesse sich selbst zielstrebig zum Abschluss führt – das ist der haptische Weg. Auch kann der Kunde immer wieder nachvollziehen, warum er und was er gekauft hat.

Eine haptische Verkaufshilfe ist ein Hilfsmittel für den Verkäufer zum leichteren Einstieg in das gewünschte Thema und für den Kunden zum besseren Begreifen der Wichtigkeit seines Bedarfs. Die haptische Verkaufshilfe alleine macht ohne Verkäufer keinen Abschluss, und der Erfolg der haptischen Verkaufshilfe ist natürlich auch davon abhängig, wie der Verkäufer weiter verfährt. Das bedeutet, krass ausgedrückt: Was nützt der genialste haptische Gesprächseinstieg, wenn danach nichts klappt? Was nützt es, wenn der Verkäufer den Kunden in fünf Minuten zum ersten Kaufsignal führt und dann kein vernünftiges Angebot machen kann? Oder wenn er dafür zu lange braucht oder die Präsentation des Produkts oder der Gesellschaft miserabel ist?

Ein Teilnehmer brachte einmal einen schönen Vergleich: Verkaufen mit einer haptischen Verkaufshilfe ist wie Kochen mit einem Schnellkochtopf: Der Kunde ist viel schneller gar, aber darf man ihn dann nicht eine halbe Stunde warm stellen, nur weil man selbst noch nicht so weit ist.

Mit dieser Geschichte wissen Verkäufer, was gemeint ist. Die Erfolgsquote wird mit einer haptischen Verkaufshilfe auf jeden Fall höher, weil der gelungene Gesprächseinstieg der größte Hebel für mehr Umsatz und damit Gewinn ist. Wenn der Verkäufer zehn Kunden ansprechen muss, um ein Gespräch zu führen, und fünf Gespräche braucht, um einen Kunden zu gewinnen, dann braucht er 100 Ansprachen. Wenn er seinen Gesprächseinstieg wesentlich verbessert und nur noch fünf Kunden ansprechen muss, um einen Termin zu bekommen, dann braucht er nur noch 50 Ansprachen, um einen Abschluss zu bekommen.

Es ist deshalb sehr ärgerlich, wie oberflächlich und leichtfertig mit der Gesprächseröffnung umgegangen wird – nach dem Motto: Man muss nur genug ansprechen, dann klappt es auch mit dem Umsatz. Der Verkäufer, der nicht nur darauf achtet, genug Kunden anzusprechen, sondern jeden einzelnen möglichen Kunden professionell anspricht und ihn neugierig macht, der hat wesentlich mehr Erfolg, weil er auch wesentlich weniger Nichtkunden produziert.

> **Beispiel**
>
> Der nicht so gute auditive Verkäufer: »Der Gesetzgeber hat erhebliche Veränderungen in der Rentenversicherung beschlossen. Ich komme von der …. Und wir machen im Moment eine Beratungsaktion und möchten Sie gerne über die Auswirkungen bei Ihnen informieren.«
> Wie hoch schätzen Sie die Erfolgquote ein, wenn Sie daran denken, wie oft der Kunde diesen Satz in ähnlicher Rhetorik von der Konkurrenz hört?
> Ein weiteres Beispiel (auditiv und visuell): »Kennen Sie schon den Wert Ihrer persönlichen Arbeitskraft?«
> Wie hoch schätzen Sie jetzt die Erfolgsquote ein?
> Ein drittes Beispiel (auditiv, visuell und haptisch): Der Verkäufer bringt eine haptische Verkaufshilfe (Zollstock) in das Sichtfeld des Kunden und sagt: »Stellen Sie sich bitte einmal vor, das sind keine Zentimeter, sondern Jahre, und …«
> Wie hoch schätzen Sie jetzt die Erfolgsquote ein?

Nun die Wirkungsweise in Einzelschritten:

18.1 Neugier erregen

Sie erinnern sich, das Gehirn braucht im Langzeitgedächtnis die kaufauslösende Information, um die positive Entscheidung zum Kauf treffen zu können. Um diese neue Information aufzunehmen, braucht das Gehirn ausreichend Neugier. Ohne Neugier stellt der Kunde die Ohren auf Durchzug. Ganz am Anfang des erfolgreichen Verkaufs steht deshalb, genügend Neugier beim Kunden zu erzeugen. Schlimmstenfalls hat der Verkäufer zu Beginn des Gesprächs die Aufgabe, aus einer abweisenden Haltung des Kunden einen neugierigen, interessierten Kunden zu machen.

Was ist Neugier und wie kann man sie erzeugen? Neugier, das Wort erklärt sich selbst. Gierig nach Neuem. Unbekanntes, nicht Alltägliches, Ungewöhnliches, alles Neue hat also die Chance, beim Menschen Neugier zu erzeugen. Dies ist ein Urtrieb aller Lebewesen. Diese Neugier begleitet die Menschheit, denken Sie an

- die Geschichte mit dem Apfel von Adam und Eva im Paradies,
- die allgemeine Sensationslust der Menschen oder
- die Gaffer bei Verkehrsunfällen.

Wenn der Verkäufer also einen Sachverhalt in einer ungewohnten, besonderen Art und Weise darstellt, entsteht Neugier. Gegen diese Gier am Neuen ist kein Kraut gewachsen, dabei wird das Gehirn gleichzeitig maximal aufnahmefähig. Seien Sie also angenehm und originell, um so die Neugier des Kunden zu gewinnen.

Mit haptischen Verkaufshilfen lässt sich die Neugier des Kunden ganz einfach wecken. In dem Moment, in dem Sie irgendeinen Gegenstand auf den Tisch stellen, schaut der Kunde unweigerlich hin und reagiert spontan mit Neugier. Der Anblick eines ungewohnten Gegenstands wird zunächst mit Zurückhaltung beantwortet und dann mit Neugier, dem Grundtrieb des Lernens. Der Kunde bewegt sich gedanklich automatisch darauf zu. Er ist interessiert zu erfahren, was das wohl ist. Dies lässt sich auch zu einem späteren Zeitpunkt im Verkaufsgespräch machen, das System ist dasselbe.

> **Eine Beispielgeschichte**
>
> Wie man mit Neugier verkaufen kann, zeigt eine Geschichte vom Alten Fritz. Er wollte unbedingt die Kartoffel in Deutschland einführen, aber die Menschen und die Bauern waren sehr skeptisch gegenüber diesem neuen Nahrungsmittel. Wie sagt der Volksmund: »Was der Bauer nicht kennt, das isst er nicht.«

> Man sagte dieser Frucht damals viel Negatives nach. Als es mit der Einführung also nicht richtig vorwärtsging, ließ er sich etwas ganz Besonderes einfallen, um die Menschen für die Kartoffel zu gewinnen. Er ließ vor seinem Schloss ein königliches Ackerfeld bestellen und von Soldaten bewachen. Jedoch hatten die Soldaten den Auftrag, eben nicht ganz genau hinzugucken, wenn sich jemand hinschlich, um diese kostbare Frucht auf dem bewachten Ackerfeld zu stehlen. Und so haben die Menschen diese kostbare Frucht gestohlen, dann heimlich angebaut. So, sagt die Geschichte, ist die Kartoffel in Deutschland eingeführt worden.

18.2 Spieltrieb aktivieren

Homo ludens, der spielende Mensch: Der Mensch ist von seiner innersten Natur her ein spielendes Wesen. Jeder Mensch ist – jederzeit und spontan – dazu bereit, ein interessantes Spiel mitzumachen. Spielen ist die einzige Art, richtig verstehen zu lernen (Frederic Vester). Durch eine haptische Verkaufshilfe als Beispiel entstehen ein angenehmes und entspanntes Gesprächsklima und eine freundliche Atmosphäre. Es gibt kein Rollengefälle zwischen dem Kunden und Ihnen. Aus dem sonst so häufig auftretenden Lehrer-Schüler-Verhalten oder Angriff-Abwehr-Verhalten wird ein freundliches Miteinander. So fühlt der Kunde sich wohl. In dieser entspannten Atmosphäre ist das Gehirn minimal belastet und maximal aufnahmefähig.

> **Und noch eine Beispielgeschichte**
>
> Diese Geschichte aus der Praxis verdeutlicht die Chance, mit dem Spieltrieb die Menschen wesentlich schneller und einfacher zu gewinnen und zu überzeugen: Die Geschichte erzählt von einem Glasverkäufer von Schott Spezialglas. Diese Firma stellt sehr viele verschiedene spezielle Glasarten und -sorten her. Auch Rohre für die chemische Industrie. Und nun geht ein Glasverkäufer zu Ingenieuren in den chemischen Betrieben, zu den Entscheidungsträgern, und schlägt vor, die Eisenrohre, innen verzinkt oder vernickelt, gegen Glasrohre zu tauschen.
> Jeder Mensch, der Eisen gegen Glas tauschen soll, denkt natürlich, dass diese Glasrohre brechen. Dieser Glasverkäufer, der sehr qualifiziert ist und es mit wiederum sehr qualifizierten Gesprächspartnern zu tun hat, könnte natürlich auf den Gedanken kommen, genau zu erklären, warum dieses Glasrohr nicht brechen kann. Zum Beispiel: »Wissen Sie, bei der Quarzsandzusammensetzung, bei der Brenntemperatur, der Zuggeschwindigkeit, bei der Schnelligkeit der Abkühlung, bei der Wandstärke und bei der Oberflächenspannung ist es unmöglich, dass das Rohr bricht.«
> Das tut er nicht. Aber sobald der Kunde sagt: »Ja, aber das könnte zerbrechen«, macht er seinen Koffer auf, nimmt ein Stück Hartholz heraus, ein kurzes Stück Glasrohr und einen Nagel. Dann setzt er auf dem Schreibtisch beim Kunden an und schlägt mit dem Glasrohr den Nagel ins Hartholz. Das Thema Zerbrechlichkeit ist damit sofort vom Tisch.

Bei einem Jahrestreffen wird er als bester Verkäufer des Jahres ausgezeichnet. Einige Kollegen fragen ihn: »Ja, sag mal, wie machst du das denn bloß, jedes Jahr solche Umsätze hinzukriegen?«

Und dann erzählt er seine Geschichte mit dem Hartholz, dem Stück Glasrohr und dem Nagel. Die Kollegen sind begeistert von dieser Idee.

Es vergeht wieder ein Jahr und beim nächsten Jahrestreffen wird er wieder als der beste Verkäufer nach vorne geholt; die Kollegen fragen ihn wieder: »Du hast wieder so viel mehr Umsatz als wir, wie kann das sein, wir machen das doch jetzt schon seit einem Jahr genauso wie du?« Und er antwortet: »Ich habe mir überlegt, wie ich noch besser sein kann, und seitdem lasse ich den Kunden den Nagel selbst ins Holz schlagen. Das klappt noch besser.«

Erkenntnis
Der Mensch ist nur dort ganz Mensch, wo er spielt.

18.3 Begreifen durch be-greifen

Einmal angenommen, ein Fahrlehrer müsste seine Schüler das Autofahren nur mithilfe von Sprache und Bildern lehren. Was glauben Sie, wie lange es dauern würde, bis die Schüler im richtigen Verkehr Auto fahren können?

Oder ein anderes Beispiel: Was glauben Sie, wie lange Sie brauchen, bis Sie jemandem eine Tomate erklären, wenn Sie dafür nur Worte, also den auditiven Lernkanal, und Bilder, also den visuellen Lernkanal, verwenden? Halten Sie es für möglich, dass der Kunde tatsächlich be-greift, was eine Tomate ist und wie sie schmeckt? Was glauben Sie, wie lange Sie brauchen, wenn Sie dem Kunden die Tomate geben und sagen: »Das ist ein Gemüse, das kann man essen, das ist lecker.« Der Kunde nimmt die Tomate in die Hand. Er fühlt mit den Fingern die Oberfläche, er drückt ein wenig, er guckt sehr genau hin und riecht an der Tomate.

Dann entscheidet er sich, hineinzubeißen, und nun werden Sie sehen, was passiert. Er riecht erneut, guckt und beißt wieder in die Tomate. Nun hat er gelernt, wie eine Tomate schmeckt. Der Kunde nimmt über alle drei Lernkanäle die Informationen auf, die sich sofort in seinem Langzeitgedächtnis festsetzen. Eine ähnliche Situation stellt sich den Verkäufern von Dienstleistungen jeden Tag.

Wenn Sie also mit einem haptischen Symbol, mit einer haptischen Verkaufshilfe beim Kunden arbeiten und mehrere Sinne beziehungsweise Lernkanäle, auditiv, visuell, kinästhetisch, gleichzeitig bedienen, dann werden Ihre Informationen auf jeden Fall länger im Langzeitgedächtnis des Kunden bleiben.

> **Erkenntnis**
>
> Durch das eigene Tun kommt der Kunde zu eigenen Erkenntnissen. Eine Erkenntnis, die der Kunde aufgrund eigener Erfahrungen gemacht hat, zweifelt er nicht an, und er wird sie, wenn nötig, gegen Kritik von außen sogar verteidigen. Übrigens, ein Kunde, der sich bewegt, kann sich nicht passiv verhalten, er muss immer aktiv mitmachen. Ein Kunde, der sich bewegt, ist ein aktiver Kunde. Ein aktiver Kunde ist ein motivierter Kunde. Ein motivierter Kunde erkennt seine Vorteile. Ein Kunde, der seine Vorteile erkennt, ist ein Kunde, der kauft.

> **Beispielgeschichte**
>
> Die folgende Geschichte ist aus dem wirklichen Leben und handelt von einem Bankdirektor, der sich eine Sauna kaufen möchte. Und wie das so ein guter Bankdirektor macht, möchte er natürlich vergleichen. Er fordert deshalb bei den verschiedenen Herstellern Informationen und Prospekte an, sammelt diese Prospekte, um sie in Ruhe zu vergleichen und sich dann zu entscheiden.
> Ein Verkäufer ruft ihn an und sagt zu ihm, er würde gerne den Prospekt persönlich vorbeibringen. Er wäre sowieso in der Nähe. Der Bankdirektor sagt: »O.K., kommen Sie bitte vorbei!« Der Verkäufer ist pünktlich. Der Sauna-Verkäufer öffnet seinen Koffer und fragt den Kunden, wenn er einverstanden ist, könnte er sich seine Sauna als Modell zusammenbauen, das wäre der beste Prospekt, weil man so im Detail erkenne, wie die Sauna am besten angeordnet und gebaut wird. Der Bankdirektor ist einverstanden.
> Kurze Zeit später nimmt der Kunde wahr, wie er mit dem Sauna-Verkäufer zusammen auf dem Teppich im Wohnzimmer liegt und voller Begeisterung seine Sauna zusammenbaut und sich an den Details erfreut – wohin die Tür oder der Ofen kommt und wie viele Bänke hineinpassen. Er erschrickt kurz und schmunzelt innerlich, weil er sofort weiß, was passiert ist. Er hat die Sauna natürlich bei diesem Sauna-Verkäufer gekauft, und die Prospekte hat er dann nur noch überflogen und weggeworfen. Dieser Sauna-Verkäufer ist ein haptischer Verkäufer und ein besonders erfolgreicher Verkäufer.

18.4 Besitzwunsch wecken

Die elementaren Ur-Ängste der Menschen sind die Furcht vor Hunger, Durst und Obdachlosigkeit. Nur eine ausreichende Menge an Besitz gibt dem Menschen das Gefühl der Sicherheit und die Unabhängigkeit von diesen Ängsten. Der Mensch ist so veranlagt, dass alleine das Anfassen einen Besitzwunsch bei ihm auslöst. Und der Wunsch nach mehr Besitz ist der halbe Weg zum Abschluss.

Der Mensch soll vom Affen abstammen. Wissen Sie, wie die Inder Affen fangen? Man nehme eine Kokosnuss, mache darin eine kreisrunde Öffnung, die so groß ist, dass die schlanke Hand des Affen reinpasst. Man nehme ein Seil oder einen Draht, befestige die Kokosnuss an einem Baum oder einem

Pfahl und lege in die Kokosnuss eine leicht vergorene Banane. Die Affen mögen leicht vergorene Bananen wegen des entstehenden Alkohols. Jetzt heißt es, in Ruhe abwarten. Der Affe kommt, greift in die Kokosnuss, um sich die Banane zu nehmen. Nun wird aus der schlanken Hand eine Faust mit einer Banane drin, somit ist die Öffnung zu eng, um die gefüllte Faust wieder herauszukriegen. Und die Affen sind einfach nicht intelligent genug, die Hand wieder zu öffnen. Sie bleiben bei der Kokosnuss, bis sie ohnmächtig werden oder von den Menschen eingefangen werden.

Soweit die Geschichte. Der Mensch soll vom Affen abstammen, oder? Auf jeden Fall haben wir auch noch diesen Greifreflex und den damit verbundenen Besitzwunsch. Sobald wir etwas in die Hand nehmen, also etwas in Besitz nehmen, dann befreit dieser Besitz uns wieder ein wenig von der Furcht vor Hunger, Durst und Obdachlosigkeit, und deswegen hängen wir sehr an dem, was wir haben. Sobald man einem Menschen etwas, das er schon meint zu besitzen, wegnehmen will, wird er aggressiv.

18.5 Gehirngerecht vorgehen

Haptische Verkaufshilfen sind im besten Fall be-greifbare Symbole. Was ist ein Symbol? Ein Symbol ist ein Modell, eine Marke, ein Platzhalter, welches die Dinge, die Themen, die Ideen im Großen und Ganzen auf den Punkt bringt. Ein Symbol hat eine starke Wirkung, da es alle Informationen auf den Punkt bringt.

Die starke Wirkung von Symbolen lässt sich schon an den »nur zweidimensionalen visuellen« Piktogrammen erkennen. Ein gutes Piktogramm zeigt auf einen Blick die gesamte Information.

Abbildung 80: Piktogramme – Handball und Fußball

Ein Symbol hat in der idealen Form noch die dritte Dimension, die Tiefe. Hierbei gibt es dann einige Symbole, die wahrscheinlich aufgrund der Entwicklungsgeschichte des Menschen eine archaische, tief gehende Wirkung haben. Dazu zählen auf jeden Fall: Scheibe, Quadrat, Kugel und Pyramide (siehe Abbildung 82).

Abbildung 81: Dreieck und Kreis, unvollständig

Was sehen Sie hier? Ein Dreieck und einen Kreis? Das stimmt aber nicht – diese »Täuschung« haben Sie der Komplettierungstendenz des menschlichen Gehirns zu verdanken. Wie gesagt: Symbole haben eine starke Wirkung.

Wer es schafft, für seinen Verkauf oder für sein Unternehmen ein starkes und gutes Symbol zu finden, der erzeugt eine extreme Dynamik.

Denn Vorstellungsbilder wirken direkt über die rechte Gehirnhälfte auf das Gefühl. Und Sie wissen, der Mensch entscheidet zu 95 Prozent aus dem Gefühl. Wer die Möglichkeit hat, die Menschen ihre eigenen inneren Vorstellungsbilder sehen zu lassen, verkauft doppelt und dreifach leichter.

Ein Beispiel, um die Macht von bildhaften Vorstellungen im Verkauf aufzuzeigen, ist Esso mit der Werbekampagne »Pack den Tiger in den Tank«. Der Tiger begleitete Esso in Europa schon seit Mitte der 1930er-Jahre. 1959, als Anzeigen mit dem Tiger in Europa immer weniger zu sehen waren, wurde der Tiger in Chicago wieder zum Leben erweckt. Ein junger Werbetexter saß an seiner Schreibmaschine und dachte über Symbole der Kraft für eine örtliche Esso-Kampagne nach. Innerhalb von zwei Minuten war der heute noch berühmte Werbeslogan geboren: »Put a Tiger in Your Tank«. Anders als seine wilden Vorfahren zeigte sich dieser Tiger freundlich und drollig, aber immer noch kraftvoll. Aus seinem ursprünglichen Lebensraum Chicago streifte die verspielte Katze schließlich durch Anzeigen und Werbekampagnen in aller Welt. In acht Sprachen wurden die Autofahrer aufgefordert: »PACK DEN TIGER IN DEN TANK!«

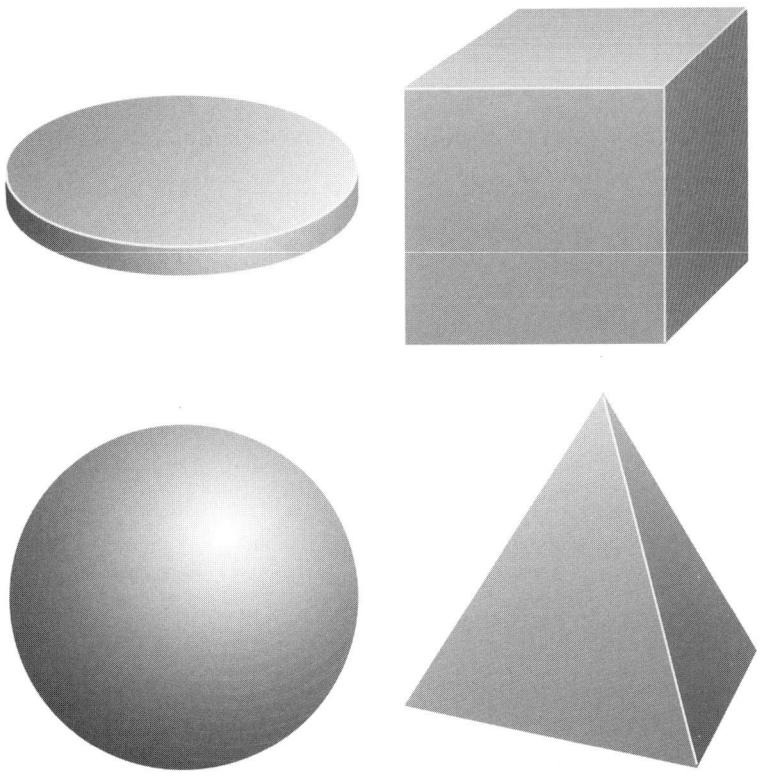

Abbildung 82: Kreis – Viereck – Kugel – Pyramide

Der Slogan eroberte auf Anhieb die Herzen der europäischen Autofahrer und ihrer Kinder. Der Tigerschwanz ragte aus Tausenden von Benzintanks. Tiger fanden sich auf T-Shirts, Handtüchern, Bechern und anderen Gebrauchsgegenständen. Esso verzeichnete einen nie da gewesenen Boom: über 20 Prozent Umsatzplus. Ende 1973 verschwand die Kampagne, und der Tiger zog sich erst einmal zurück.

Warum hat Esso die erfolgreichste Werbekampagne im Ölgeschäft beendet? Aufgrund der Auswirkungen des arabischen Ölembargos von 1973 begann die Welt, sich auf die Bedeutung von Energieeinsparung zu konzentrieren. Die Esso-Werbeleute meinten, dass diese ernste Frage ein ernsthafteres Symbol als einen Tiger verlangte. Es gibt aber auch das Gerücht, dass die Werbekampagne »Pack den Tiger in den Tank!« so erfolgreich war, dass es weltweit immer wieder zu dramatischen Unfällen kam, weil Kinder leider den Tiger im Tank gesucht haben, und da es im Tank dunkel ist …

Sie können sich selbst vorstellen, dass diese Idee schlecht ausgeht. Die Welle der Klagen soll dazu geführt haben, den Tiger aus dem Tank endgültig herauszuholen. Es ist ein nicht bestätigtes Gerücht, aber gut vorstellbar, denn schon der römische Rhetoriker Quintilian wusste: »Wer die Macht über die inneren Bilder der Menschen hat, der hat auch die Macht über ihre Gefühle.«

Learning by doing

Nehmen Sie nun Ihre Aufzeichnungen und picken Sie sich zwischen drei und maximal zehn Rosinen heraus. Setzen Sie diese Ideen am besten in den nächsten drei Tagen um, damit die Motivation hoch ist. Die anderen Ideen legen Sie sich auf Termin, denn alles auf einmal kann man nicht tun. Also nehmen Sie sich nicht zu viel vor. Und da Sie spätestens seit diesem Buch wissen, dass Geschichten länger im Gedächtnis bleiben und eine stärkere Wirkung erzeugen, hier noch eine:

> **Beispielgeschichte**
>
> Stellen Sie sich vor, Sie gehen in eine tolle Eisdiele und bestellen sich einen fantastischen Eisbecher. Es dauert gar nicht lange und die Bedienung bringt Ihnen dieses Kunstwerk aus Eis, Sahne, Soße, Früchten … Sie denken: Das ist ja zu schade zum Essen. Sie sitzen in der Hitze des Tages davor und schauen sich den Becher an. Jetzt überlegen Sie mal, wie dieser Becher in vier Stunden aussieht. Wahrscheinlich nicht mehr so toll und mittlerweile auch gar nicht mehr kalt, sondern eher warm.

Schmeckt Ihnen der Eisbecher noch? Wahrscheinlich nicht, also machen Sie sich ans Werk, solange es noch so schön ist.

Schlusswort

Dieses Buch sollte Ihnen als Anregung dienen. Und hoffentlich haben viele der Beispiele Sie bereichert. Ich danke Ihnen, wenn Sie bei vielen Ideen begeistert mitgegangen sind, aber auch dann, wenn Sie sich kontrovers mit den Ideen auseinandergesetzt haben. Denn auch durch diese Beschäftigung kann es Ihnen gelingen, auf andere Wege zu gelangen, die für Sie persönlich dann auch die besseren Wege sind. Testen Sie die eine oder andere Idee alsbald in der Praxis, denn man kann nur wissen, wie der Pudding wirklich schmeckt, wenn man ihn isst. Von der Beschreibung auf der Packung ist noch keiner auf den Geschmack gekommen.

Genießen Sie den schönen Beruf, Verkäufer zu sein, und werden Sie noch erfolgreicher.

Viel Gesundheit, viel Glück und viel Geld wünscht Ihnen

Ihr

Karl Werner Schmitz

Lösungen

1. Lösung von Seite 21 (vier Linien)

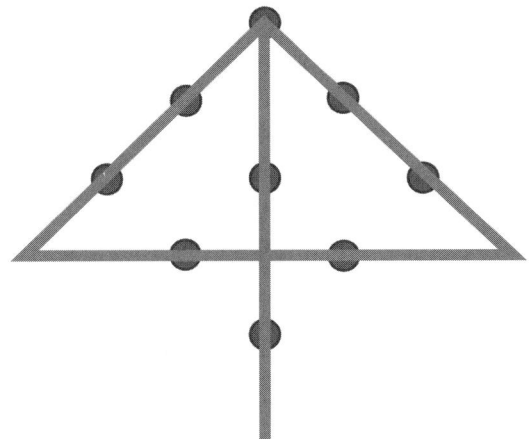

Abbildung 83: Vier Linien

Haben Sie eine Lösung innerhalb des gewohnten Rahmens der neun Punkte gesucht und nicht gefunden?

2. Lösung von Seite 21 (drei Linien)

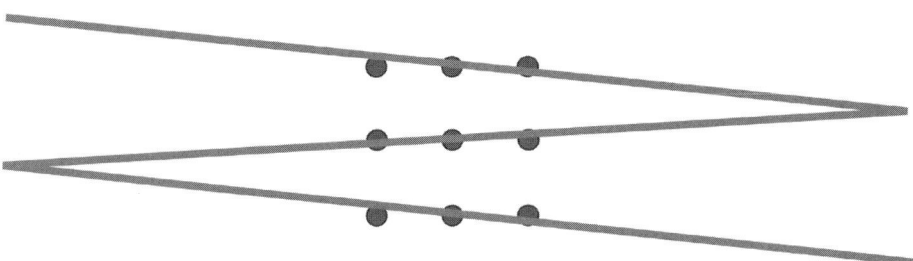

Abbildung 84: Drei Linien

3. Lösung von Seite 52

- Morgen-Stern
- Abend-Stern
- Zwerg-Elstern

Literatur und Quellen

Literatur

Birkenbihl, Vera F.: *Stroh im Kopf*; mvg Verlag 2007.
Feldenkrais, Moshé: *Bewusstheit durch Bewegung – Der aufrechte Gang*; Suhrkamp 2008.
Getzinger, Günter: *Haptik – Rekonstruktion eines Verlustes*; Profil Verlag 2006.
Gotthelf, Fritz | Kükelhaus, Hugo | Vester, Frederic: *Exempla. Entfaltung der Sinne*; DVA 1982.
Grunwald, Martin: *Der bewegte Sinn. Grundlagen und Anwendungen zur haptischen Wahrnehmung*; Birkhäuser 2001.
Hannaford, Carla: *Bewegung – das Tor zum Lernen*; VAK Verlags GmbH 2008.
Kast, Bas: *Revolution im Kopf*; Berliner Taschenbuchverlag 2005.
LaTourelle, Maggie: *Was ist angewandte Kinesiologie?*; VAK Verlags GmbH 2006.
Lindstrom, Martin | Kotler, Philip: *BRAND sense*; Free Press 2005.
Maier, Christian | Weber, Marion: *Erfolg durch Superlearning*; Heyne 1997.
Molcho, Samy: *Körpersprache im Beruf*; Goldmann 2001.
Niemann, Beate: *Haptik – Raum – Semantik*; Technische Uni Berlin 2009.
Salvenmoser, Carmen: *Haptische Markenkommunikation*; VDM Verlag Dr. Müller 2008.
Scherer, Michael | Stallbaum, Klaus (Hg.): *Haptische Werbung*; WA Verlag 2009.
Schmitz, Karl Werner: Führen mit allen fünf Sinnen: Führen und motivieren mit haptischen Führungshilfen; in: *Industriebedarf 07-08/2009*, S. 8–9.
Schmitz, Karl Werner: Berührende Erfahrungen; in: *Performance 11/2009*, S. 92–94.
Schmitz, Karl Werner: Haptisches Führen für Vertriebsleiter; in: *salesbusiness 01-02/2010*, S. 38–40.
Vester, Frederic: *Denken, Lernen, Vergessen*; dtv 1998.
Wison, Frank R.: *Die Hand, Geniestreich der Evolution*; Klett-Cotta 2003.

Quellen

- KWS Haptische Verkaufshilfen e.K.: www.haptische-verkaufshilfen.de

- Schallöhrverlag: www.schalloehr-verlag.de

- Bartl GmbH Werbemittel: www.bartlgmbh.com

- Phänobjekte Kükelhaus: www.schloss-freudenberg.de

- MEKU GmbH, Erich Pollähne: www.meku-pollaehne.de

- Duftmarketing: Reima AirConcept GmbH: www.aromair.com

- Faltobjekte: www.touchmore.de

- http://haptiklabor.uni-leipzig.de

- 3D-Printservice : www.fabtory.de

Register

A
Angst 23, 27f
Antriebskraft 30f
Apple 9, 112
Arbeitskraft 157f, 164, 167, 182
Assoziation(s-) 47
  -verhalten 45f
  -zentrum 45-48
Audio Learning 108f
auditiv 35, 38, 43, 66, 80, 141, 182, 185

B
Bergfelder, Manfred 139, 151
Berufsunfähigkeitsversicherung (BUV) 10, 88, 137, 156, 158, 163
Berührung 74-76, 131
Brutto-Einkommen 148, 151, 174

D
Daumenkino 123-125
Direktmarketing 130
Duftmarketing 127-129

E
Effekt, stroboskopischer 124
Einkommen, Brutto-, Netto- 148, 151, 174
Emotion 43, 68, 203
Erfolg 17f, 20f, 30, 33, 56, 67, 75, 103f, 182

F
Fortschritt 18-21
Fühlen 36, 38, 45, 65, 98, 123, 203

G
Gedächtnis
  -, Kurzzeit- 47f
  -, Langzeit- 45-49, 119, 183, 185
  -, Ultrakurzzeit- 47-49

Gefühl 51, 55, 65-68
Gehirn 39-44, 45-49, 51-58, 59, 61, 70, 111, 117, 128f, 183f, 187-190
Gelbe Karte 134, 176f
Geld 17, 32
Geruch 9, 11, 51, 128
Geschmack 9f
Gesundheit 17, 32
Gewohnheit 21, 25
Glück 17, 30, 32
Grunwald, Martin 11f

H
Händedruck 70-74, 78f, 90f, 94, 132, 179f
Haptik, haptisch 11f, 31, 35f, 38f, 43, 60, 63f, 85, 90-92, 98, 109, 113, 126, 182, 203
-, Aus- und Weiterbildung 103-110
-, Begrüßung 69-78
-, Dominostein 145ff
-, Effekt 127
-, Erfolgssystem 17-32
-, Führung 131-134
-, Führungshilfe 132-134
-, Geldmaschine 136-138
-, Geldschein 174ff
-, Geldteppich 135-138
-, Geschenk 83f, 90, 95, 180
-, Gesprächsphasen 90-96
-, Haus 163, 179
-, Haushaltsplan 148ff
-, Insel 170ff
-, Kuli 177ff
-, Lebenswürfel 142ff
-, Lernen 15, 59
-, Lernkarten 105-107
-, Marketing 123-130
-, Medaille 171ff

–, Sinne 9f
–, Sitzordnung 78, 179
–, Sprache 63, 179
–, Verkaufen 9, 12, 39, 69-96
–, Verkäufer 12, 80, 85, 186
–, Verkaufsgespräch 79-90, 181
–, Verkaufshilfe 9, 92f, 95, 135-190, 203
–, Verkaufssoftware 111-114
–, Visitenkarte 82f, 101f, 179
–, Vorsorge-Baum 93-95, 172ff, 179ff
–, Vorsorgetaler 151f
–, Wesen (Häppi) 59-64, 142, 152ff, 158f, 162, 179, 203
–, Zollstock 168ff, 174, 182
Hirn s. *Gehirn*
Hören 10, 36, 38, 45, 138
Hypothese 116f

I
Information(s-) 35, 37-41, 46, 55, 59-63, 66f, 183
 -flut 37f, 39, 42
iPhone 9, 112

K
kinästhetisch 35, 185
Kommunikation(s-) 45, 54, 59
 -kanal 123-134
 -kultur 38
Kükelhaus, Hugo 36, 98
Kunde(n-) 10, 12, 33-35, 39, 41, 43, 46, 48f, 54-56, 70-74, 78f, 90f, 94, 116-122, 132, 135-180, 182, 184f
 -gespräch 93, 109, 152, 179f
 -orientierung 9, 108
Kurzzeitgedächtnis (KZG) 47f

L
Langzeitgedächtnis (LZG) 45-49, 119, 183, 185
Learning by doing 17, 32, 36, 43, 46, 49, 58, 64, 68, 70, 74, 75, 77, 79, 95, 99, 109, 113, 130, 134, 141, 178, 191f
Lernkanal 35f, 58, 185

M
Marketing 123, 130
 –, Direkt- 130
 –, Duft- 127-129
 –, Mitmach- 12, 123
 –, Tastsinn- 113
 –, Touch- 123-127
Mitarbeiter 12, 108f, 129, 131-133, 135
Mitmach-Marketing 12, 123
Motivation 30f, 151

N
Netto-Einkommen 148, 151, 174
Neugier 183ff
Nutzen 94, 135

P
Preis 94, 135
Produkt 10, 34, 56, 67f, 135, 144, 171
Prospekt 84f, 91, 179

R
Reflex 24f, 60
Rente 148ff, 174ff, 182
Riechen 35f, 38, 61, 123, 128, 203
Rollenspiel 107f
Rote Karte 176f

S
Schmecken 35f, 38, 123, 203
Sehen 10, 36, 38, 45, 98, 138
Sinneskanal 35f, 43
Spieltrieb 184f
stroboskopischer Effekt 124
Symbol 187f
Sympathie 69, 91

T
Tasten 9, 11, 59f, 203
Tastsinn-Marketing 113
Touchmarketing 123-127
Touchscreen 11, 111f

U

Ultrakurzzeitgedächtnis (UKZG) 47-49

V

Verkaufen 33-36, 39f, 42f, 67, 76f, 95, 172, 188

Verkäufer 12, 28, 33-36, 39f, 47f, 55f, 66f, 69f, 75, 80, 82, 84, 86-89, 107f, 112, 115-119, 129, 154-158, 161f, 164-167, 170f, 173f, 176, 181f, 184-186

Verkaufsprozess 9, 35, 43

Verstand 51, 68, 70

Vertrauen 70, 90-92, 109, 131

Vester, Frederic 25, 45, 59, 184

virtuell haptisch 115-122

visuell 35, 38, 43, 80, 141, 182, 185

W

Wiederholung 25ff

Z

Zeit 25ff

Ziel 30-32

Autoreninformation

Mit allen Sinnen genießen. Fühlen, Riechen, Schmecken, Spüren und emotionales Erleben – den wenigsten Menschen ist bewusst, wie sehr diese Sinneswahrnehmungen ihre Entscheidungen beeinflussen. Die moderne Neurobiologie meint: zu 90 Prozent!
Karl Werner Schmitz outet sich selbst als »infiziert« – mit dem haptischen Virus. Bis ins Jahr 1992 stand der Begriff »Haptik« (Tastsinn) noch nicht einmal im Duden, vom haptischen Verkaufen ganz zu schweigen; obwohl – und davon ist der gefragte Unternehmensberater überzeugt – schon immer aus der Intuition heraus »haptisch« verkauft wurde, allerdings weniger systematisch als er es heute trainiere.

1987 nannte er das Kind beim Namen: Er entwickelte eine innovative Verkaufsmethode aus seiner eigenen Berufspraxis als Makler für Versicherungen und Finanzdienstleistungen, der im wörtlichen Sinne nicht anfassbare, nicht be-greifbare Dienstleistungen vertrieb. Schmitz wurde rasch klar, dass Kunden leichter zu überzeugen waren, wenn sie ein Angebot über den Tastsinn für sich selbst erfahren und in ihre Gefühlswelt aufnehmen konnten.

Als räumliche Visualisierungselemente und haptische Verkaufshilfen entwickelte Karl Werner Schmitz bislang zwanzig verschiedene Modelle, Bausteine, Figuren und Lebensbäume sowie den »Häppi«, den haptischen Menschen. Zu seinen Kunden zählen mittelständische Unternehmen, Finanzinstitute, Versicherer, Nahrungsmittelhersteller, Handwerksbetriebe und Verbände. Für sie führt er Personaltrainings durch, coacht die Chefs und entwickelt individuelle, branchenspezifische Verkaufskonzepte und -hilfen. Der gebürtige Kölner, selbst ein ausgeprägter Sinnesmensch, hat sich in einem verwunschenen Winkel des Bergischen Landes ein behagliches Domizil in einem alten Hof geschaffen. In dieser reizvollen Landschaft ist sein Arbeits- und Lebensmittelpunkt, von dem aus er immer wieder hinaus in die Welt zieht. Zwei Mal im Jahr fastet er. »Reduce to the max!« Deutlicher machen durch Vereinfachen. Klingt leicht, muss aber erst einmal be-griffen werden!

Mit den Kunden flirten

Sie wollen Ihre Kunden nicht nur über den Preis locken sondern nachhaltig begeistern? Dann ist es höchste Zeit für intelligente Konzepte und ein umfassendes Erlebnismanagement am Point of Sale!

Claudius A. Schmitz zeigt, wie Sie in sieben Schritten aus Ihrem Unternehmen einen charismatischen Betrieb machen.

- Was sind Ihre Stärken und Vorlieben?
- Was sind die Bedürfnisse Ihrer Kunden?
- Wie machen Sie aus Ihrem Unternehmen eine Marke?
- Wie heben Sie Idee und Nutzen Ihres Angebots hervor?
- Wie schaffen Sie innovative Erlebniswelten?
- Wie motivieren Sie Ihre Mitarbeiter?
- Welche Trends müssen Sie unbedingt kennen?

Charismating hilft allen Mitarbeitern in Handel und Vertrieb mit leicht umsetzbaren Tools, trotz Rabattschlachten, Sonderaktionen und Discount-Angeboten erfolgreich zu sein.

Claudius A. Schmitz
Charismating – Einkauf als Erlebnis
So kitzeln Sie die Sinne Ihrer Kunden

Hardcover, 328 Seiten
39,90 Euro (D)
ISBN: 978-3-86880-005-0

»Schmitz leitet dazu an, die Potenziale des eigenen Unternehmens zu entdecken, die Bedürfnisse und Begeisterungsmöglichkeiten der Kunden zu ermitteln, Geschichten zu erzählen, Mythen zu erfinden und Sinnesfreude zu verbreiten. Nicht zuletzt ist charismatisches Verkaufen auch eine Frage der Führung, denn nur begeisterte Mitarbeiter werden sich für den Kunden ins Zeug legen. (...) Charismating ist eine reizvolle Synthese aus Psychologie, Marketing und Zauberei« (Nina Hesse, changeX)

mehr information
www.mi-wirtschaftsbuch.de